同济博士论丛
TONGJI Dissertation Series
总主编 伍 江 副总主编 雷星晖

吕玺琳 黄茂松 著

岩土材料应变局部化理论预测及数值模拟

Theoretical Prediction and Numerical Modeling of Strain Localization in Geomaterials

同济大学出版社
TONGJI UNIVERSITY PRESS

内 容 提 要

本书是有关岩土材料应变局部化理论预测及数值模拟的著作，共8章内容。基于变形分叉理论探讨了剪切带、膨胀带和压实带三种应变局部化现象发生的条件。对Mohr-Coulomb强度准则三维化并引入非共轴塑性流动法则，建立了三维非共轴弹塑性模型，通过变形分叉分析预测了平面应变和真三轴条件下土体应变局部化触发点。推导一维应变局部化问题的解析解，证实了过非局部修正的必要性。采用局部和非局部塑性软化模型，对一维、二维应变局部化进行有限元模拟，并对增量平衡方程切线刚度矩阵谱分析，揭示了离散平衡系统非局部理论正则化的本质。

本书可作为土木工程及相关专业的师生的参考书也可作为工程技术人员参考。

图书在版编目(CIP)数据

岩土材料应变局部化理论预测及数值模拟 / 吕玺琳，黄茂松著. —上海：同济大学出版社，2017.8
（同济博士论丛 / 伍江总主编）
ISBN 978-7-5608-7022-9

Ⅰ. ①岩… Ⅱ. ①吕… ②黄… Ⅲ. ①石—建筑材料—材料力学—预测②土—建筑材料—材料力学—数值模拟 Ⅳ. ①TU521

中国版本图书馆CIP数据核字(2017)第093896号

岩土材料应变局部化理论预测及数值模拟

吕玺琳　黄茂松　著

出 品 人　华春荣　　责任编辑　葛永霞　胡晗欣
责任校对　徐春莲　　封面设计　陈益平

出版发行　同济大学出版社　www.tongjipress.com.cn
（地址：上海市四平路1239号　邮编：200092　电话：021-65985622）
经　　销　全国各地新华书店
排版制作　南京展望文化发展有限公司
印　　刷　浙江广育爱多印务有限公司
开　　本　787 mm×1092 mm　1/16
印　　张　13.25
字　　数　265 000
版　　次　2017年8月第1版　2017年8月第1次印刷
书　　号　ISBN 978-7-5608-7022-9

定　　价　65.00元

“同济博士论丛”编写领导小组

袁万城　莫天伟　夏四清　顾　明　顾祥林　钱梦騄

徐　政　徐　鉴　徐立鸿　徐亚伟　凌建明　高乃云

郭忠印　唐子来　闾耀保　黄一如　黄宏伟　黄茂松

戚正武　彭正龙　葛耀君　董德存　蒋昌俊　韩传峰

童小华　曾国荪　楼梦麟　路秉杰　蔡永洁　蔡克峰

薛　雷　霍佳震

秘书组成员： 谢永生　赵泽毓　熊磊丽　胡晗欣　卢元姗　蒋卓文

总序

在同济大学110周年华诞之际，喜闻“同济博士论丛”将正式出版发行，倍感欣慰。记得在100周年校庆时，我曾以《百年同济，大学对社会的承诺》为题作了演讲，如今看到付梓的“同济博士论丛”，我想这就是大学对社会承诺的一种体现。这110部学术著作不仅包含了同济大学近10年100多位优秀博士研究生的学术科研成果，也展现了同济大学围绕国家战略开展学科建设、发展自我特色，向建设世界一流大学的目标迈出的坚实步伐。

坐落于东海之滨的同济大学，历经110年历史风云，承古续今、汇聚东西，秉持“与祖国同行、以科教济世”的理念，发扬自强不息、追求卓越的精神，在复兴中华的征程中同舟共济、砥砺前行，谱写了一幅幅辉煌壮美的篇章。创校至今，同济大学培养了数十万工作在祖国各条战线上的人才，包括人们常提到的贝时璋、李国豪、裘法祖、吴孟超等一批著名教授。正是这些专家学者培养了一代又一代的博士研究生，薪火相传，将同济大学的科学研究和学科建设一步步推向高峰。

大学有其社会责任，她的社会责任就是融入国家的创新体系之中，成为国家创新战略的实践者。党的十八大以来，以习近平同志为核心的党中央高度重视科技创新，对实施创新驱动发展战略作出一系列重大决策部署。党的十八届五中全会把创新发展作为五大发展理念之首，强调创新是引领发展的第一动力，要求充分发挥科技创新在全面创新中的引领作用。要把创新驱动发展作为国家的优先战略，以科技创新为核心带动全面创新，以体制机制改革激发创新活力，以高效率的创新体系支撑高水平的创新型国家建设。作为人才培养和科技创新的重要平台，大学是国家创新体系的重要组成部分。同济大学理当围绕国家战略目标的实现，作出更大的贡献。

大学的根本任务是培养人才，同济大学走出了一条特色鲜明的道路。无论是本科教育、研究生教育，还是这些年摸索总结出的导师制、人才培养特区，“卓越人才培养”的做法取得了很好的成绩。聚焦创新驱动转型发展战略，同济大学推进科研管理体系改革和重大科研基地平台建设。以贯穿人才培养全过程的一流创新创业教育助力创新驱动发展战略，实现创新创业教育的全覆盖，培养具有一流创新力、组织力和行动力的卓越人才。“同济博士论丛”的出版不仅是对同济大学人才培养成果的集中展示，更将进一步推动同济大学围绕国家战略开展学科建设、发展自我特色、明确大学定位、培养创新人才。

面对新形势、新任务、新挑战，我们必须增强忧患意识，扎根中国大地，朝着建设世界一流大学的目标，深化改革，勠力前行！

万　钢

2017 年 5 月

论丛前言

承古续今，汇聚东西，百年同济秉持“与祖国同行、以科教济世”的理念，注重人才培养、科学研究、社会服务、文化传承创新和国际合作交流，自强不息，追求卓越。特别是近20年来，同济大学坚持把论文写在祖国的大地上，各学科都培养了一大批博士优秀人才，发表了数以千计的学术研究论文。这些论文不但反映了同济大学培养人才能力和学术研究的水平，而且也促进了学科的发展和国家的建设。多年来，我一直希望能有机会将我们同济大学的优秀博士论文集中整理，分类出版，让更多的读者获得分享。值此同济大学110周年校庆之际，在学校的支持下，“同济博士论丛”得以顺利出版。

“同济博士论丛”的出版组织工作启动于2016年9月，计划在同济大学110周年校庆之际出版110部同济大学的优秀博士论文。我们在数千篇博士论文中，聚焦于2005—2016年十多年间的优秀博士学位论文430余篇，经各院系征询，导师和博士积极响应并同意，遴选出近170篇，涵盖了同济的大部分学科：土木工程、城乡规划学(含建筑、风景园林)、海洋科学、交通运输工程、车辆工程、环境科学与工程、数学、材料工程、测绘科学与工程、机械工程、计算机科学与技术、医学、工程管理、哲学等。作为“同济博士论丛”出版工程的开端，在校庆之际首批集中出版110余部，其余也将陆续出版。

博士学位论文是反映博士研究生培养质量的重要方面。同济大学一直将立德树人作为根本任务，把培养高素质人才摆在首位，认真探索全面提高博士研究生质量的有效途径和机制。因此，“同济博士论丛”的出版集中展示同济大学博士研究生培养与科研成果，体现对同济大学学术文化的传承。

“同济博士论丛”作为重要的科研文献资源，系统、全面、具体地反映了同济大学各学科专业前沿领域的科研成果和发展状况。它的出版是扩大传播同济科研成果和学术影响力的重要途径。博士论文的研究对象中不少是“国家自然科学基金”等科研基金资助的项目，具有明确的创新性和学术性，具有极高的学术价值，对我国的经济、文化、社会发展具有一定的理论和实践指导意义。

“同济博士论丛”的出版，将会调动同济广大科研人员的积极性，促进多学科学术交流、加速人才的发掘和人才的成长，有助于提高同济在国内外的竞争力，为实现同济大学扎根中国大地，建设世界一流大学的目标愿景做好基础性工作。

虽然同济已经发展成为一所特色鲜明、具有国际影响力的综合性、研究型大学，但与世界一流大学之间仍然存在着一定差距。“同济博士论丛”所反映的学术水平需要不断提高，同时在很短的时间内编辑出版 110 余部著作，必然存在一些不足之处，恳请广大学者，特别是有关专家提出批评，为提高同济人才培养质量和同济的学科建设提供宝贵意见。

最后感谢研究生院、出版社以及各院系的协作与支持。希望“同济博士论丛”能持续出版，并借助新媒体以电子书、知识库等多种方式呈现，以期成为展现同济学术成果、服务社会的一个可持续的出版品牌。为继续扎根中国大地，培育卓越英才，建设世界一流大学服务。

伍　江

2017 年 5 月

前言

应变局部化是岩土材料中的一种常见现象，它的发生常伴随着应变软化，以致岩土结构整体承载力的降低。本书针对应变局部化理论预测及数值模拟两方面内容展开深入研究后，取得如下成果：

采用一般形式的本构模型，基于分叉理论探讨了剪切带、膨胀带和压实带3种应变局部化现象发生的条件。在轴对称状态下，详细分析了临界硬化模量和变形带角度随本构参数的变化特性。分析表明，应变局部化的发生和表现形式强烈地依赖于所采用的本构模型。

引入应力Lode角并考虑到三轴压缩试验和三轴拉伸试验所得强度参数存在的差异，在π面上建立了适当的角隅函数，对三维Mohr-Coulomb强度准则进行修正。修正后的强度准则在π面上与Lade-Duncan准则相似，但更具有灵活性，更能合理描述一般应力状态下，土体的强度及峰值内摩擦角随中主应力比的变化特性。在修正强度准则基础上，建立了一个简单适用的三维Mohr-Coulomb本构模型，准确模拟了松砂的真三轴试验结果。

为提高模型预测应变局部化发生的准确性，引入非共轴塑性流动法则，建立了三维非共轴弹塑性本构模型。密砂平面应变试验分叉分析表明非共轴模型能准确预测一系列围压下应变局部化的发生，并能合理反映围压对剪切带倾角的影响。密砂真三轴试验分叉分析表明非共轴项的引入能改进共轴模型的预测结果，并能合理反映中主应力比对应变局部化发生点的影响，同时，当中主应力比不为零时，应变局部化的产生降低了土体强度。

由于塑性软化模型将导致控制偏微分方程呈现病态，需引入适当的正则化机制，如非局部理论才能合理求解。波传播分析表明，在采用过非局部形式的情况下，非局部模型能保证动力学方程在软化材料中的双曲性。通过求解一个第二类 Fredholm 积分方程，得到了一维静力应变局部化问题的解析解。等截面拉杆应变局部化解析解表明，非局部平均使塑性应变光滑分布于一个宽度固定的带内，塑性应变分布、局部化带宽和荷载响应取决于特征长度和过非局部参数的值。当拉杆横截面积变化时，局部化带宽还受到控制截面变化率外部尺度的影响；当外部尺度与特征长度接近时影响较大，并随外部尺度的增大而迅速减小，同时，带宽随着屈服应力的减小而增大，当屈服应力降低到零时，带宽达到最大值。

由于缺少一个特征尺度，求解局部塑性软化模型导致的病态控制偏微分方程将得到不符合客观实际的数值解。通过对切线刚度矩阵进行谱分析，研究离散增量平衡方程的本质特性来揭示其本质原因。分析结果表明，局部理论使得塑性区大小取决于弱单元尺寸，变形模式不规则且具有强烈的网格依赖性。通过引入一个特征长度，非局部理论使塑性区大小保持固定，变形模式变得光滑并保持网格客观性，从而使塑性应变分布和荷载响应的数值解收敛于真解。

采用局部和非局部塑性软化模型对双轴试验应变局部化进行数值模拟，在应变局部化刚发生时对总体切线刚度矩阵进行谱分析。结果表明局部模型随着网格的细化有负特征值出现,解分叉,表明边值问题出现病态。而非局部化理论使得所有特征值始终保持为正,表明病态边值问题得到了正则化。决定局部化变形模式的主特征向量分析表明,当单元尺寸足够细,非局部理论能充分发挥效率时,局部化变形区域保持固定并保持网格客观性。这些分析结果揭示了非局部理论克服数值解网格敏感性的本质。

目录

第1章 绪论

1.1 概述

应变局部化现象广泛存在于各种材料中，如金属、混凝土、岩土材料等。对岩土工程领域而言，应变局部化普遍存在于边坡、堤坝、地基、挡土墙等工程结构中，它是结构整体破坏的一个先兆，它的发生将导致承载能力的降低。只有从理论上揭示变形局部化发生和发展机理，才能准确地预测岩土体的变形及其破坏状态，从而合理地评价岩土工程结构的稳定性。同时，也只有建立一套合理的应变局部化渐进破坏分析理论，才能有效地评价结构安全性和开发结构潜在承载力，从而指导工程设计，提高经济效益。当前，应变局部化研究受到国际学术界和工程界的广泛关注，从 1988 年至今，已举办了 11 次关于失稳与应变局部化问题的国际研讨会。

目前，应变局部化研究主要集中在三个方面：① 试验研究；② 理论分析；③ 数值模拟。

1.2 岩土体应变局部化试验研究现状

1.2.1 试验成果总结

试验研究是一切研究的根本，对于应变局部化研究来说也是极其重要的，它为理论分析和数值模拟提供了验证和对比的基本资料。最初的试验研究是建立在肉眼观察的基础上。科技的进步和先进测量仪器，如扫描电镜（SEM）、计算机图像（CT）、X线和立体成像等大量应用，极大地推动了应变局部化试验研究的发展。目前，应变局部化试验已取得了大量的成果。

英国剑桥大学 Roscoe[1]最先采用 X 射线技术在单剪试验和挡土墙离心机模型试验中，观察到一种带状的局部化破坏层的出现，将其称为剪切带。Vardoulakis 和 Graf[2]通过在试样中引入初始缺陷，在弱区域激发不均匀变形，成功得到了剪切带。Nemat-Nasser 和 Okada[3]对局部化带内和带外的变形进行了定量研究，发现剪切带中心的剪应变高于带外数十倍，并导致带内孔隙比很高。

各种试验表明剪切带的产生并非某种边界条件下的特有现象，无论如何改进试验，都不能完全避免局部化变形的出现，但应变局部化的形成却受到多种因素的影响。Han 和 Vardoulakis[4]利用 X 射线技术研究排水状态对剪切带形成的影响，结果表明中密砂、密砂中在排水与不排水状态下均可观察到剪切带发生，而松砂在不排水条件下却不容易观察到剪切带。Yoshida[5]的研究表明，剪切带内的变形特性不仅与颗粒大小密切相关，还与土体颗粒破碎性有关，而颗粒形状则对剪切带内变形特性影响不大。此外，应力状态对应变局部化形成也有很大影响，不同试验状态下，土体失稳机理也并不完全相同。大多数平面应变砂土试验中[4,6-9]都观察到了剪切带，表明应变局部化是平面应变状态下导致土体破坏的主要原因。相对而言，轴对称状态下不容易观察到应变局部化现象。通过对比平面应变试验和常规三轴试验得到的应力应变反应曲线表明，土体在两种状态下的失稳机理可能存在差异[10-11]，平面应变条件下峰值后应力应变曲线具有陡降的软化特性，而轴对称条件下峰值后的应力应变曲线通常表现为平缓的发展趋势，软化趋势并不明显。Alshibli 和 Sture[7]通过对比不同试样密度、围压和砂的颗粒大小形状的试验，表明平面应变状态比三轴状态更容易发生应变局部化。Hettler 和 Vardoulakis[12]采用大型三轴仪对砂土的研究表明剪切带只可能形成在应力应变曲线的软化区。Chu 等[13]在试验中观测到三轴压缩条件下，土体失稳完全能够以均匀变形的方式产生，应变局部化产生只是土体失稳后大变形的必然结果。然而，也有观察到应变局部化发生的三轴试验结果，如 Vardoulakis[14]对砂土的三轴试验，结果表明只要试样足够密实或侧压超过临界压力时，可以产生变形局部化现象。

由于均没有考虑到中主应力影响，平面应变试验和轴对称试验都没能准确反映应变局部化的真实特性。实际上，这两种试验状态只是真三轴应力状态的特殊情形，因而基于真三轴试验的应变局部化研究更具有普遍意义。Chu[13]和 Yamamuro[15]的真三轴试验结果表明除三轴压缩状态外，应变局部化发生是土体失稳的原因。Wang 和 Lade[16-17]在一系列固定中主应力比条件下的真三轴试验，表明三轴压缩状态下不会发生应变局部化现象，而在三轴拉伸时却表现出明显剧烈的应变软化，预示着应变局部化的发生。此外，在空心圆柱扭转试验中也观察到了局部化带的出现，如 Saada 等[18]的研究表明砂土试样在扭剪作用下先出现均布的微小剪切带，最后出现分叉调整成一条剪切带，他们的试验同时还表明应变局部化发生于硬化阶段。值得一提的是，为消除边界条件对应变局部化发生造成的影响，近年来，Couette 试验仪[19-21]也被用于研究颗粒材料剪切流应变局部化[22]问题。Couette 试验仪与空心圆柱扭转仪相似，不同的是，它得到的是圆锥状的剪切带，剪切带的位置与试样高度有关，而厚度则与试样的颗粒尺寸有关，理论分析也得出了相同结论[23]。

相对砂土而言，黏土的应变局部化试验研究较少。Morgenstern 和 Tchalenko[24]最早研究了直剪仪中黏土的性状，定义了应变和位移两种不连续局部化变形。Hicher 等[25]利用 X 射线扫描技术、CT 技术和扫描电镜(SEM)对黏土的研究，表明剪切带内密度变化很大，在剪切带邻域内出现了与它方向相关的颗粒平行结构。对同一种黏土而言，其剪切带倾角是一个定值，接近于 Mohr-Coulomb 理论，但并不受试样尺寸、端部摩擦和超固结率的影响。蒋明镜和沈珠江[26]借助扫描电镜，研究了结构性黏土三轴试验中剪切带形成的宏观力学条件及其倾角，微观结构分析表明土体具有足够的结构强度是剪切带形成的条件之一，试验同时还表明剪切带的倾角与 Roscoe 理论不相符，其厚度在宏观、微观上存在差异。

在岩石方面也有一定应变局部化试验研究。Haied 等[27]在岩石的试验中，通过在试件中设置一个小孔成功激发并观察到应变局部化现象，试验同时表明剪切带起始于硬化段峰值应力前。然而，在 Labuz[28]进行的砂岩和灰岩的平面应变试验中，声发射结果却表明即使能在峰值荷载前确定局部化变形的位置，破坏面也不会在峰值处完全形成。徐松林等[29]的大理岩三轴压缩试验表明岩石试件破坏常以狭窄剪切带形式的局部化变形为先导，局部化变形在体积膨胀点前开始稳定增长，达到一定程度后，岩石表现出短暂的应变硬化，然后开始膨胀。Wong 等[30]详细研究了高孔隙砂岩在轴向加载条件下从脆性到延性的转变，结果表明，低围压下，首先发生体积压缩，然后体积膨胀，最终形成剪切带而破坏；高围压下，得到了与 Zhang 等[31]静水压力实验相似的结果，但相比而言，在更小的平均应力下就发生颗粒压碎，且较小的平均应力增量导致了孔隙率的迅速减小，这种现象被称为剪切增强压缩，也称为压缩型剪切带。在高孔隙岩石的压缩试验中，在岩石的脆延转换阶段发现了一种特殊的应变局部化现象，带面与轴向垂直，带内只存在压缩，Mollema[32]将这种现象称为压实带(compaction bands)，它的发现对传统剪切带理论提出了挑战。压实带出现后，应力应变曲线将出现一个拐点，然后，应力基本保持不变，这与剪切带出现后应力迅速跌落具有很大不同。Olsson[33]对压实带的声发射特征研究和宏观变形结构研究，表明压实带的发展过程与颗粒状材料在压实过程中的相变非常相似。Bésuelle 等[34]利用定量微结构分析和 X 射线 CT 成像法对 Rothbach 砂岩局部化变形的微观结构特征研究，表明在岩石的脆性阶段表现为膨胀型剪切带，带中心颗粒破坏强烈，而带外 4～5 倍颗粒直径之外几乎没有破坏；脆延转换段，存在小角度压剪带和压实带，这些变形带中部破坏强度得到很大提高，约为外部的 5 倍。

总的来说，不同岩土材料在不同试验状态下，应变局部化的发生及表现形式有很大差异，如砂土比黏土容易发生应变局部化，平面应变比轴对称状态更容易激发剪切带的形成。各种试验状态下的结果总结见表 1-1。

表 1-1 应变局部化试验研究

试验条件	主要结论	代表性文献
直 剪	观察到局部化破坏层面	Morgenstern 和 Tchalenko, 1967; Roscoe, 1970; Scarpelli 和 Wood, 1982
平面应变	应变局部化发生于硬化段	Vardoulakis, 1980; Vermeer, 1990; Han 和 Vardoulakis, 1991; Finno 等, 1997; Alshibli 和 Sture, 2000
轴对称	应变局部化发生在软化阶段，高孔隙岩石表现为压实带的形式	Vardoulakis, 1979; Hettler 和 Vardoulakis, 1984; Wong 等, 1997; Alshibli 和 Sture, 2000
真三轴	应变局部化的发生与中主应力比有关	Chu 等, 1996; Lade 和 Wang, 2001; Yamamuro 和 Shapiro, 2002

续 表

试验条件	主要结论	代表性文献
空心圆柱	应变局部化发生于硬化段	Saada 等,1999
Couette 试验	圆锥状的剪切带,厚度与试样颗粒尺寸有关	Howell 等,1999;Mueth 等,2000;Fenistein 和 Hecke,2003

1.2.2 剪切带倾角和厚度

剪切带的倾角一般定义为剪切带带面和小主应力方向的夹角。一般来说,试验观察到的剪切带倾角一般在 54°～70°。如 Finno 等人[8]采用立体摄影技术量测到平面应变条件下饱和松砂剪切带的倾角为 55°～65°。Mühlhaus 和 Vardoulakis[35]的试验表明剪切带的倾角在细砂中为 62.5°,中砂中为 60.1°。剪切带的倾角受多种因素影响,如试样颗粒大小、级配,试样密度,围压,试验边界条件等。Scarpelli 和 Wood[36]用 X 射线技术对砂土直剪试验的研究,表明试验装置对试样变形的限制程度以及试样的颗粒尺寸对剪切带的倾角有较大影响。当颗粒直径较大时,剪切带的倾角较为固定;当颗粒直径较小时,观察的剪切带变形模式就相当复杂。Alshibli 和 Sture[7]指出剪切带倾角随试样密度的增加而增加,随围压和平均粒径的增加而减小。

Oda 和 Kazama[37]在砂土平面应变排水试验中,通过 X 射线技术和光学显微镜对剪切带内的微结构变化特性进行分析,结果表明剪切带区域形成较大的旋转梯度,颗粒旋转基本上平行于宏观旋转方向,剪切带平均厚度为 7～8 倍平均颗粒直径。Finno 等[8,38]指出,砂土中剪切带厚度为 10～20 倍粒径。Mokni 和 Desrues[39]的试验结果表明剪切带的厚度为 7.5～9.6 倍粒径。Alshibli 和 Sture[40]的试验结果则表明剪切带的厚度为 9.6～10.63 倍粒径,且随着密度的增加而增加。这与 Vardoulakis 认为的 10～

15 倍粒径的结果相符。de Josselin de Jong 和 Frost[41]的试验表明颗粒粗糙度的增加可以使剪切带更清晰,但不会对厚度产生任何影响,同时,随着围压的增大,剪切带厚度将减小。

1.3 应变局部化理论研究现状

自试验中观察到应变局部化现象以来,其形成机理的研究一直都是学术界关注的热点课题。从物理机制来说,局部化变形往往与物体中的薄弱点或应力集中点有关,在外载作用下,颗粒沿该点定向排列,逐步扩展形成一条贯穿的剪切带。从数学上来讲,由于土体的物理特性是一个复杂的非线性系统,当满足某些临界条件时,均匀变形模式发生了分叉,取而代之的是不均匀的变形模式。人们进行了大量理论研究试图对应变局部化现象进行合理的解释,研究内容包括剪切带变形模式的数学描述、发生条件以及不均匀变形导致材料力学特性的改变等。

1.3.1 剪切带倾角理论分析

剪切带在宏观上表现为一个集中剪切变形区的存在,由于其主要表征是倾角,因而早期的理论研究主要集中在剪切带倾角上。根据 Mohr-Coulomb 理论,剪切带角度为 $45^\circ+\varphi_m/2$(φ_m 为发挥的内摩擦角),这与 Tatsuoka 等[42]的试验结果相符。Roscoe 理论则认为剪切带与零拉伸面的方向相同,因此,剪切带角度为 $45^\circ+\psi_f/2$(ψ_f 为破坏时的剪胀角)。Roscoe 理论预测的剪切带倾角受剪胀角的量测方案影响很大,Drescher 等[43]量测到的剪切带局部剪胀角为整体剪胀角的两倍,表明局部量测的剪胀角与宏观剪胀角存在明显差异。Vermeer[9]通过研究颗粒尺寸对砂土剪切带倾角的影响,表明粗砂的剪切带倾角与 Roscoe 型破坏面倾角相近,细砂倾角与 Coloumb 型的破坏面倾角相近，这与 Scarpelli 等[36]的试验结果吻合。在理论分析时，当所采用的塑性本构模型服从关联流动法则时，Coulomb 和 Roscoe 的理论得到的结果是相同的；而当服从非关联流动法则时，两者结果存在着较大差异。Arthur 等[44]认为可取其两者的平均，即为 $45°+(\varphi_m+\psi_f)/4$。Finno 等[8]通过松砂排水和排水试验结果指出剪切带倾角位于 Coulomb 理论与 Arthur 理论解之间。Vermeer[45]通过理论分析指出剪切带倾角与硬化状态的内摩擦角 φ_h 和剪胀角 ψ_h 有关，表示为 $\tan^{-1}\left(\sqrt{(2+\sin\varphi_h+\sin\psi_h)/(2-\sin\varphi_h-\sin\psi_h)}\right)$。一般情况下，应变局部化的发生接近土体内摩擦角达到最大发挥的时，且剪胀角与内摩擦角的差值小于 30°，因此，Vardoulakis[6] 通过理论分析指出 Vermeer 和 Arthur 的结果实际上是相近的。Bardet[46]在全面总结试验结果的基础上，指出砂性土剪切带倾角试验值位于 Coulomb 理论值和 Roscoe 理论值之间，并认为 Arthur 等提出的公式可代替 Roscoe 理论作为上限解。

然而，这些理论研究都是粗略的，只能对剪切带的宏观表象进行初步解释。要想对剪切带有一个更为合理的数学描述和理论预测，需建立在更为严密的数学理论框架上，如分叉理论。

1.3.2 分叉理论预测

Hadamard 早在 1903 年就对应变局部化进行了研究，经过 Thomas[47]，Hill[48]，Mandel[49]和 Rice[50]等人的进一步发展，为应变局部化理论分析建立起了一个合理的理论基础，推动了应变局部化理论研究的发展。Hill[48]最早研究了弹塑性连续介质的失稳现象。Mandel[49]对服从非关联流动法则的硬化型 Mohr-Coulomb 材料的研究，指出当硬化模量降低到某一临界值时解将出现分叉现象，一个解是试样继续均匀变形，宏观上表现出硬化趋势，另一个解是出现剪切带并在宏观上表现出软化趋势。Rudnicki 和 Rice[51]以及 Rice[50]基于分叉理论建立了应变局部化的判别准则，构建了当前应变局部化研究的主要理论基础。Hill 和 Hutchinson[52]基于正交流动假设对平面拉伸试验进行了分叉分析。Vardoulakis[53]继续发展了 Hill 和 Hutchinson 的分叉理论并将其应用到塑性变形理论，推导了剪切带倾角的具体计算公式。基于分叉理论，Rudnicki 和 Rice[51]对 Drucker-Prager 模型的分叉分析，表明本构模型的选取和材料参数对应变局部化预测有较大影响，非关联流动对应变局部化有促进作用，使得应变局部化能够发生于硬化区，关联流动准则导致应变局部化发生于软化区。Needleman[54]的分析同样表明了非正交流动能够促进局部化的发生。吕玺琳等[55]基于 Rudnicki 和 Rice 的理论，采用一般形式的本构模型进行分析，结果表明材料模型选取及材料参数的选择不但对应变局部化的发生有较大影响，而且对预测到的应变局部化的具体表现形式也有影响。Ottosen 和 Runesson[56]采用非关联塑性流动准则，推导了弹塑性材料分叉的解析解。Molenkamp[57]采用分叉理论对 Mohr-Coulomb 和 Lade-Duncan 模型进行应变局部化分析。Kolymbas 和 Rombach[58]将超弹性理论用于应变局部化问题的研究。此后，Wu 和 Sikora[59]将分叉分析推广到了超塑性理论，并研究了应变局部化在硬化区域发生的可能性。Bardet[46,60]在全面总结应变局部化判别理论的基础上，详细研究了剪切带发生的条件，指出分叉理论只是应变局部化发生的必要条件，而非充分条件。

当前应变局部化理论分析大都是基于平面应变状态进行的，轴对称条件下土体失稳是否源于应变局部化还存在一定争议。结合试验，Vardoulakis[61]利用剪胀非关联流动塑性模型进行分叉分析，表明三轴压缩条件下试样失稳是源于扩散性分叉现象（如屈曲、鼓胀），而局部化变形滞后形成于应变软化区，但三轴拉伸条件下局部化变形的颈缩也可导致土体失稳。Perić等[62]从理论上比较了平面应变和轴对称条件下应变局部化发生条件的差异，通过分析，表明平面应变条件下更容易激发局部化变形，轴对称条件下应变局部化不可能发生于硬化阶段，轴对称条件下土体失稳与应变局部化的产生是属于不同的力学机理。Sulem 和 Vardoulakis[63]分析了两种分叉形式的区别，一种为局部化分叉，另一种为扩散性分叉，在扩散性分叉中，可能会出现拉应力，从而导致试样的纵向劈裂。Chau[64]指出扩散性分叉易于在峰值前出现，而局部化分叉易于出现在峰值后。Lade[65]结合试验结果，对经典的 Drucker 失稳条件进行补充，认为该准则并不适合于岩土类材料，并给出了一种更适合的土体失稳判别准则。Vardoulakis 和 Sulem[66]通过比较轴对称和平面应变状态下的分叉问题，指出若只考虑边值问题的均匀解，将不会发生分叉现象，若存在非零解，解将出现分叉并且导致解不唯一。

以往研究表明基于常规塑性模型的分叉分析通常不能准确预测应变局部化发生，甚至会得到与试验结果相反的结果。为提高预测的准确性，Bardet[60]通过修正 Mohr-Coulomb 模型的屈服方向，准确预测了应变局部化的发生和剪切带倾角。Rudnicki 和 Rice[51]在角点模型基础上，通过减小中性加载方向的切线模量，改进了模型的分叉预测能力，由于该模型反映了应变率方向与应力率方向的非共轴性，因而也常称为非共轴模型。Han 和 Drescher[67]对平面应变试验结果进行深入研究，系统分析了基于不同本构理论分叉结果的差异，建议在变形理论上增加非共轴流动准则分析应变局部化问题。Papamichos 和 Vardoulakis[68]以及 Vardoulakis 和 Graf[2]在运动硬化准则基础上，考虑了 Rudnicki 和 Rice[51]的非共轴流动准则，准确模拟了 Han 和 Drescher 的试验结果。Hashiguchi 和 Tsutsumi[69,70]将非共轴模型引入到次加载面模型中，用于改进应变局部化的预测。钱建固和黄茂松[71]从 Drucker 材料稳定性公设出发，基于二维等向硬化模型研究了土体变形分叉的非共轴特性，证实了非共轴塑性应变率的存在。其后，钱建固和黄茂松[72]又引入第三应力不变量，将非共轴理论推广到三维应力空间。吕玺琳等[73]基于真三轴试验结果，将三维非共轴本构模型进一步改进，准确地模拟了 Lade 和 Wang[17]的真三轴应变局部化试验结果。

Hamadi 等[74]采用多塑性机制塑性模型[75]，对岩土体失稳和应变局部化进行了预测，通过与以往的试验和理论研究的对比，表明了多塑性机制本构模型在应变局部化预测方面的优越性。Yu 和 Yuan[76]将非共轴模型和双滑移模型[77-78]归纳为一个更为一般的塑性模型，得到的模型形式上和 Bardet 的双塑性机制模型是一致的。针对目前大多数模型都是建立在增量应力应变关系线性基础上的，Darve[79]、Chambon 和 Desrues[80,81]则采用非线性增量应力应变关系建立塑性模型，并成功用于了应变局部化的预测。

1.4 应变局部化数值模拟研究现状

经过大量的试验研究[4,7,82-83]和理论分析[46,51,53,62,84]，岩土体的应变局部化研究已取得了丰硕成果。随着科技的迅速发展，计算机技术的广泛应用，人们开始采用离散元（DEM）[85-87]、有限差分法[88]、边界元（BEM）[89]、无网格法（meshfree）[90]、有限元技术（FEM）[91-93]以及多尺度法（multi-scale）[94-96]等方法来对应变局部化现象进行数值模拟。其中，有限元方法由于具有良好的工程应用前景，是目前采用较多的一种方法。然而，在模拟应变局部化现象时，为合理体现局部化变形、保证数值计算的顺利进行及保证计算结果符合客观实际，常需要依靠一些特别的处理技术。这些方法主要有改进的有限元技术和改进的材料模型。

1.4.1 改进的有限元技术

在采用有限元技术模拟应变局部化时，由于局部化带内变形剧烈增加，导致单元过度扭曲，从而将引起网格锁定（mesh locking），同时，软化材料的采用又将导致网格敏感性（mesh sensitivity）等一系列问题。对于网格锁定问题，目前已有了较合理的解决方式，如可通过选择合适的单元类型和合适的单元形态[97]、选择或缩减积分点(selective or reduced integration)[98,99]或 $\overline{B}$ (B-bar)方法[100]及自适应有限元方法(adaptive remeshing)进行解决。

1.4.1.1 自适应网格技术

应变局部形成后,依靠原始网格无法进行求解。Zienkiewicz[92]提出采用自适应网格技术解决这一问题。这种方法与常规的 h-格式有限单元法类似,通过行波法在整个计算域内全部重划网格,并保持单元的伸长方向与局部化带方向一致。Zienkiewicz 和黄茂松[101]采用类似于位移梯度误差指示的自适应网格有限元技术,成功模拟了剪切带。Pastor 等[102,103]将自适应方法用于均匀和非均匀应力场下剪切带发生和发展的模拟中。Deb 等[104]将自适应技术用于弹黏塑性材料的应变局部化模拟中。Belytschko 和 Tabbara[105]将 h-格式自适应有限元法用于动力学问题的分析中,通过对局部区域的网格细化来捕捉剪切带的详细信息。黄茂松等[106]则将自适应技术应用于动力荷载下饱和多孔介质中的局部化问题中。

由于自适应网格技术没有充分考虑到材料的力学特性,仅从数值计算的角度来解决局部化变形的问题,因而无法准确反映局部化带的真实特性。此外,由于自适应网格技术采用的仍是标准有限元格式,当采用应变软化材料模型时,必然将遇到网格敏感问题。黄茂松等[107]采用了一种依赖于单元尺寸的塑性模量,克服了网格敏感性,然而这样选取的塑性模量没有实际物理意义,且并没有从根本上解决应变局部化问题。为保证数值解的有效性,需正则化材料软化导致的病态控制偏微分方程,而自适应网格技术本身并不能做到这一点,需引入合理的正则化机制,如 Khoei 和 Lewis[108],Khoei 等[109]通过非局部理论和 Cosserat 理论解决了这一问题。

1.4.1.2 不连续形函技术

不连续形函技术是在保持有限元网格不变的前提下,在普通单元形函数上叠加一个附加函数来模拟应变局部化引起的非连续变形的方法。根据附加函数的不同，一般分为弱非连续（weak discontinuity）和强非连续（strong discontinuity）两种形式。弱非连续形式假定计算区域内位移场连续而应变场不连续，通过叠加一个附加应变场来体现剪切带内应变场的跳跃。这种方法最早由 Ortiz[110]提出，他将局部化的形成和倾角作为材料特性引进本构方程，忽略剪切带内的剪胀性影响，对单元进行分叉分析，当单元满足分叉条件时，随即加入适当定义的形函数，以代表局部化变形。这种通过附加应变模式的方法要求在模拟剪切带时，两条应变不连续线需分别穿过相邻两单元以使得在分析过程中形状保持不变，然而这使得局部化带宽度必然依赖于单元尺寸，数值计算结果并不能克服网格敏感性。Belytschko[111]作了进一步改进，提出内嵌剪切带单元（embedded element）方法。该方法假设局部化带在单元中的位置和宽度可以忽略，将一个固定宽度的局部化带嵌入单元内，使一个单元包含两条平行的应变不连续线，同时将局部化带宽度作为材料参数，避免计算结果对单元的依赖。

强不连续模型假定局部化带宽度为零，通过引入不连续位移场描述应变局部化变形，与弱非连续法相比，模型更简单，因而受到广泛关注。不连续位移场可通过在单元边界施加或在连续模型中内嵌得到。在单元边界施加的方法是通过在两个单元的连接处体现不连续位移，对网格布置要求较高，计算结果存在网格依赖[112]。在连续模型中内嵌的方法是相对更好的方法。它可通过两种方法实现，第一种是直接在结点位移场上增加自由度来反映位移跳跃，称为 PUFEM[113]或 X-FEM[114]，这种方法被广泛用于裂纹型应变局部化问题[115-116]；另一种方法源于假定增强应变场（AES[117]，E-FEM[118]）的思想，即在单元上体现不连续位移场。Simo 等[117,119]在引入不协调单元的基础上提出了虚应变概念，在连续模型框架内引入不连续形函基础上建立了强不连续模型，通过静态缩聚（static condensation）技术[120-121]，不增加整体自由度，减小了计算量。Borja[122]作了进一步改进，提出在每个物质点上，而不是在单元上对描述位移不连续的参数进行静力缩聚，这样就只需修改本构积分程序，不需大量修改有限元程序。Mosler[123]将这种方法用于简单的三维剪切带模拟中。Oliver[120]对强不连续法作了归纳，给出了解决包括裂缝、剪切带、滑动面等局部化相关问题的一般形式。强不连续模型的特点在于给出了应变局部化发生后带内的本构关系，能连续地描述局部化变形的前后过程。它假设在结构中出现局部化变形带后，结构塑性变形全部集中在带内，而带外弹性卸载。该模型不足之处在于局部化带内的软化参数无法确定，但该法继承了传统有限单元法计算上的优点，易于数值实现，因而引发许多学者的进一步研究并将其应用到工程实际中。如 Reguerio 和 Borja[124]采用非关联 Drucker-Prager 软化模型，模拟滑坡和土体开挖中的应变局部化现象。Lai[125]将其应用于挡土墙应变局部化问题，更准确地预测了结构的极限荷载。

1.4.1.3 复合体理论

根据复合材料力学的思想，将剪切带视为一种特殊材料引入材料本构模型，Pietruszczak[126] 提出了复合体理论（homogenization theory）。Pietruszczak 和 Niu[127]把含剪切带的单元看成由两种材料构成的复合单元，取带内外平均力学性质求出其平均模量矩阵进行有限元分析。通过考察剪切带内变形，增加单元刚度可消除应变局部化模拟时的网格敏感性。黄茂松[128]对复合体理论作了进一步改进，并推广到不排水饱和土体的分析中。这种方法虽充分考虑了带内材料的力学性质，但均匀化过程是局限在单元内进行的，需调整带内材料属性才能保证计算结果的网格客观性，因而在具体应用时仍有一定限制。

1.4.2 改进的材料模型

应变局部化的模拟必然要用到软化型应力应变关系，而这将导致计算结果存在网格敏感性[129-130]，得到的应变分布不符合客观实际[131]，导致该问题的根本原因是部分区域控制方程(偏微分方程，PDE)的变形使得原有定解条件不再适用，即静力边值问题(BVP)或者动力初值问题(IBVP)出现病态。

经典连续介质理论是建立在材料均匀性假设基础上的，认为物质在空间上呈连续分布，在物体的任何一部分都有相同的物理属性。这一假设在描述均匀变形材料时是合理的，而当应变局部化发生后，由于带内存在很高的应变梯度和剧烈变形，使得材料均匀性假设不再成立。从物理观点而言，尽管局部化带是一种宏观效应，但却是由材料内部结构变化引起的，须充分考虑材料的微观效应才能合理描述应变局部化现象。局部化带尺寸与材料微结构密切相关，而微结构尺寸相对于整个结构的尺寸而言，不能再像连续介质理论一样视为无穷小。为反映微结构尺寸，材料本构关系中须引入特征长度(characteristic length)，将局部化最终变形尺寸与材料内部微结构联系起来。

正是由于特征长度的引入，在应变局部化的模拟过程中偏微分方程组不再变形，从而保证了控制方程的适定性。正因为如此，通过本构方程引入特征长度的方法也常被称为正则化(regularization)控制方程技术。黏塑性模型[129,132-134]、微极(cosserat)模型[35,135-137]、高阶梯度模型[35,138-139]或积分非局部模型[139-145]等都属于正则化技术范畴，它们都直接或间接地引入了一个特征长度，因而在数值模拟时，局部化带的宽度不再依赖于网格尺寸，从而使计算结果符合物理本质，这些方法总结见表 1-2。

表 1-2 改进的材料本构模型

方 法	优 点	缺 点	代 表 文 献
黏塑性	黏性流动参数作为一个隐含的内部尺度	过分夸大黏性的影响，常导致不合理的材料响应。在缓慢加载条件下，率相关量迅速消失	Needleman，1988；Sluys、de Borst，1992；Perzyna、Korbel，1998；Aifantis 等，1999；Dornowski、Perzyna，2000；Oka 等，2000

续 表

<table>
<tr><th>方 法</th><th colspan="2">优 点</th><th>缺 点</th><th>代表文献</th></tr>
<tr><td>微极(Cosserat)理论</td><td colspan="2">考虑颗粒旋转渐进破坏,能够表现出剪切带的宽度。转动项的引入,在数学上能够保证控制方程不变形,克服网格敏感性</td><td>在当纯拉伸导致结构失效时,转动项不能有效地发挥作用</td><td>Mühlhaus、Vardoulakis, 1987; Ristinmaa、Vecchi, 1996; Tejchman、Wu, 1996; Bauer, 1999; Nubel、Huang, 2004; Alsaleh 等, 2006; Alshibli 等, 2006; Kodaka 等, 2007; Khoei 等, 2007</td></tr>
<tr><td rowspan="2">应变梯度理论</td><td>显式</td><td>通过附加某些变量的二阶梯度项,引入特征长度来正则化控制方程</td><td>仅考虑变量受紧临点的非局部影响;需引入附加边界条件保证解的唯一性</td><td>Vardoulakis, 1983; Alehossein、Korinets, 2000; Chambon 等, 2001</td></tr>
<tr><td>隐式</td><td>克服显式梯度理论的不足,非局部变量的影响区域扩大</td><td>计算的处理上更加复杂</td><td>Oka 等, 2002; Al Hattamleh 等, 2004; Zhou 等, 2006</td></tr>
<tr><td>积分型非局部理论</td><td colspan="2">通过非局部加权平均函数引入特征长度,不需附加边界条件</td><td>标准非局部理论适用于损伤软化问题,而塑性软化则需采用过非局部形式</td><td>Bažant、Lin, 1988; Strömberg、Ristinmaa, 1996; Borino 等, 1999; Nilsson, 1997; de Borst, 2001; Jirásek、Rolshoven, 2003; Maier, 2004</td></tr>
</table>

1.4.2.1 黏性模型

Needleman(1988)[129]指出在应变局部化数值模拟时,由于黏塑性介质的本构模型中隐含一个内部尺度,即黏性流动参数,计算结果将不再依赖于网格尺寸。Perzyna[133]详细研究了各种效应对金属绝热剪切带的影响,指出材料黏性的重要性。Sluys 和 de Borst[132]的波传播研究表明即使采用应变软化模型,通过引入时间相关项仍能保持动力学方程双曲性。Schreyer 和 Chen[146]及 Schreyer[147]在模拟应变局部化时,利用黏塑性软化模型考虑硬化参数的一阶梯度,即黏性的影响,得到了较为合理的结果。

1.4.2.2 Cosserat 连续体模型

Cosserat(连续体)理论于 1909 年由 Cosserat 兄弟建立,因而得名。Cosserat 理论假定材料为均匀直径的球状或棒状颗粒集合体,每个材料点除有 3 个位移自由度外,还有 3 个独立的旋转自由度,因而需在原来对连续介质定义的应变上补充旋转项,相应地,需在应力上增加力偶项,因而该理论也常被称为偶应力理论(couple stress theory)或微极理论(micro-polar theory)。Cosserat 理论通过考虑旋转梯度的影响,在本构模型中引入了一个长度参数,因而能克服应变局部化模拟时遇到的困难且能够唯象地反映材料的尺度效应(Size effect)。

Cosserat 理论在节理岩体和土体的破坏分析,特别是在层状岩体的模拟中得到了广泛应用。直到 19 世纪 70 年代,这一理论才真正应用到应变局部化分析中。Mühlhaus 和 Vardoulakis[35]利用 Cosserat 理论在二维空间研究了粒状材料中剪切带的厚度问题,建立起了 Cosserat 理论与应变局部化间的关系。Bardet[86]、Bardet 和 Proubet[148]在塑性模型中引入 Cosserat 理论,通过离散元模拟了剪切带,并研究了剪切带厚度和带内的变形分布,证实了颗粒旋转在局部化带中的存在性。Oda 等[149]的研究表明在粒状材料的失效中,颗粒旋转占主导地位,因而认为应当考虑偶应力的影响。de Borst 和 Sluys[150]引入考虑了偶应力影响的屈服准则,将 Cosserat 模型用于剪切带的研究中。Willam 等人[151]在塑性力学框架下通过微极理论研究了应变局部化问题,并研究了局部化变形模式的数学描述和多种微极理论的数值实现。Huang 和 Liang[152]用微极理论求解二维边界元问题,并通过求解空心圆柱中的热应力问题进行了验证。Ristinmaa 和 Vecchi[153]在 Von-Mises 屈服准则中加入偶应力模拟应变局部化现象,表明引入了旋转自由度的微极理论能够规则化变形,从而克服局部化带宽的网格依赖性。Tejchman 和 Bauer[154]、Tejchman 和 Górski[155]将微极理论用到超塑性模型中,并在双轴压缩试验中成功模拟了剪切带。Alshibli

等[137]在 Lade 模型的基础上，引入 Cosserat 旋转项，成功模拟了平面应变试验中的应变局部化现象。Li 和 Tang[156]将 Cosserat 理论用于 Drucker-Prager 软化模型中，消除了平面应变状态下应变局部化模拟的网格敏感性，并用于边坡稳定分析的模拟中。Khoei[112]将 Cosserat 与 XFEM[157]结合，消除了应变局部化模拟的网格敏感性，并用于地基承载力和边坡稳定的分析中。这些研究表明了 Cosserat 模型在应变局部化模拟中的实用性和有效性。但 Cosserat 模型的主要缺点是当纯拉压载荷作用下时，作为正则化机制而引入的偶应力将不起作用，该模型将退化为经典连续体理论。

1.4.2.3 梯度模型

在 Cosserat 理论基础上，Toupin[158]和 Mindlin[159]在弹性本构方程中引入应变梯度，提出了更一般的弹性偶应力理论，称为广义理论或应变梯度理论(strain gradient theory)。这种理论除了引入旋转梯度，还引入了拉伸梯度对材料性质的影响。Dillon 和 Kratochvil[160]最早将梯度理论应用到了塑性模型。Fleck 和 Hutchinson[161]提出了唯象的 CS(couple stress)应变梯度塑性理论(偶应力理论)，它是经典的 J2 形变及 J2 流动理论的推广。其后，Fleck 和 Hutchinson[162]又提出了 SG(strain gradient)应变梯度塑性理论，也叫伸长和旋转梯度理论。这些模型的本质在于在屈服函数中考虑了偶应力的影响。另外一种梯度理论是保持应力应变关系不变，仅考虑内变量的梯度影响，该理论的早期形式是在屈服函数中引入硬化参数的一阶和二阶梯度[163]。后来，de Borst 等[138,164]，Lasry 和 Belytschko[165]，Aifantis[166]，Zbib 和 Aifantis[167]，Comi 和 Perego[168]等人通过深入研究硬化参数梯度的影响，提出了仅考虑硬化参数二阶梯度的塑性应变梯度模型，这种思想成为了梯度模型的主流。通过在硬化参数上直接增加二阶梯度项的模型称为显式梯度模型，然而这种模型只能考虑物质点紧邻区域的非局部影响，从数学的观点来看，该模型仍属于局部模型。近年来，Peerlings

等[169]，Geers 等[170]通过引入隐式方程定义非局部量，由于该模型的非局部量需求解一个 Helmholtz 方程得到，因而被称为隐式梯度理论。该理论相对显式理论扩大了非局部影响范围，算得上是真正意义的非局部模型，但在进行数值计算时，塑性乘子的计算需要解一个微分方程，因而在具体实现上还存在一定困难。de Borst 和 Mühlhaus[138]提出将塑性乘子作为一个新的未知数并对其所构成的微分方程进行离散求解，但这又导致了数值求解的复杂性。

Aifantis[163,171]最早将梯度模型应用到应变局部化的模拟中，克服了采用应变软化模型带来的困难，得到符合客观实际的数值结果，并对梯度理论的正则化效果进行了研究。Abu Al-Rub 等[172]将一致性条件转化为一系列依赖于材料参数和当前积分点坐标的线性方程组，通过在超单元中求解这些方程，大大简化了计算并成功用于平面应变状态下的应变局部化模拟中。Fernandes 等[173]针对具有塑性体积变形的材料提出了一个二阶梯度剪胀模型，数值模拟表明该模型相比传统梯度模型能大大缩短计算时间。李锡夔和 Cescotto[174]采用常应力三角形元和四边形等参元混合形函数，在 Drucker-Prager 模型上引入梯度项建立了相应的算法并成功用于应变局部化的模拟中。朱以文等[175]将梯度 Drucker-Prager 软化模型用于边坡稳定性的数值模拟中，克服了模拟过程中的网格敏感性。赵吉东等[176]将梯度理论用于损伤模型，克服了网格依赖性，模拟的局部化损伤与实际破坏情况非常相近。

由于二阶梯度的引入，不但增加了数值实现的难度，还需引入高阶边界条件来保持方程解的唯一性，而这种附加边界条件的物理意义目前尚不明确[177]。由于高阶导数的存在，有限元计算时需采用 C1 连续以上的形函，这将大大增加计算时间。广大学者通过各种方法来简化数值计算的复杂性，最为简便而有效的方法莫过于将包含梯度项的非局部变量转化为积分型非局部变量[178-179]。

1.4.2.4 积分型非局部模型

传统连续介质理论认为，一个材料点的力学性质仅与该点本身或该点附近任意小邻域内的材料点的性质有关。这种局部型的材料模型忽略了材料微结构效应，在材料连续时是成立的，然而当材料微结构不连续时，将不能合理描述实际物理特性，需引入非局部理论(nonlocal theory)进行描述。非局部理论的研究最早可追溯到19世纪，然而直到20世纪60年代，非局部理论被用于弹性断裂问题中应力奇异场的光滑化后[180]才开始真正发展起来。Eringen[181-182]最早将其应用到塑性力学领域，然而Eringen的理论将所有的内变量都视为非局部量，在应用到应变局部化模拟时，并不能起到固定局部化带宽的作用。Bažant和Lin[141]，de Borst[183]指出只有将与应变软化相关的内变量被看作是非局部变量才是合理的，并足以使相应边值问题保持适定性。Bažant等[131,184-185]最早将非局部理论引入到损伤理论中并用于在混凝土的损伤局部化的数值模拟中。Bažant[131]引入特征长度，让某点应力与以该长度为半径的范围内各点的塑性应变间建立关系，数值模拟时能使得能量耗散保持为常量，纠正了传统损伤理论在数值模拟时单元不断细化，最终导致能量耗散趋于零的错误结果。

非局部理论物理意义明确，数值实现相对容易。损伤局部化的数值模拟结果表明非局部量的引入能正则化损伤软化导致的病态边值问题，数值解能完全克服网格敏感性。然而，该理论在用于塑性软化问题时，却遇到了困难。原因在于引入非局部量后，一致性条件将成为一个积分方程，而标准非局部理论使该方程仍是一个病态方程，因而原问题仍是病态的，需进一步正则化。Vermeer和Brinkgreve[186]提出通过采用过非局部形式的非局部理论克服该问题，过非局部量通过对非局部变量和原来的局部量再做一次加权平均而得到，非局部量的权m取为大于1的数，局部量的权$1-m$则为负。Strömberg和Ristinmaa[187]在二维静力应变局部化数值模拟中证实了该观点的有效性。Luzio和Bažant[188]研究软化材料中波的传播特性表明只有在采用过非局部理论(over-nonlocal fomulation)时,波才能保持传播和耗散特性。

实际上,积分型非局部理论与梯度理论是相互联系的,如显式梯度模型中的非局部量可以通过将积分非局部量进行 Taylor 级数展开[143, 165],并只保留其二阶项得到。而隐式梯度模型则与积分非局部理论更加接近,Peerings[189]指出隐式梯度模型实际上可以看成是权函数为 Green 函数的非局部模型。Chen 等[179]基于隐式梯度理论进行数值计算时,为对应变加权平均光滑处理而提出的再生核应变法,本质上就是将隐式梯度量转化为非局部量。

1.5 主要研究内容

应变局部化研究包括理论预测和数值模拟两方面内容。理论预测方面,目前的研究主要集中在平面应变和轴对称条件下进行。然而这两种状态过于理想,建立一般应力状态下的本构模型及分叉分析更能合理描述岩土体力学特性和揭示应变局部化发生机理,且更具工程代表性。另一方面,应变局部化数值模拟将不可避免地遇到解不收敛和网格敏感性问题,如何通过合理途径克服这些困难,成为数值研究领域迫切需要解决的问题。本书针对应变局部化分析的这两个重要研究内容,展开深入研究,主要研究内容和方法概括如下:

第 1 章简要概括应变局部化问题的研究背景和研究现状,分析对比各种方法的优缺点,为本文的研究工作提供借鉴和思路。

第 2 章基于一般形式的本构模型,采用分叉理论探讨了压实带、膨胀带和常见的剪切带这 3 种变形带出现的条件,在轴对称条件下,分析了本构模型的选取和模型参数对变形带预测的影响。

第 3 章为考虑中主应力对土体强度的影响，引入应力 Lode 角，通过合理的角隅函数将 Mohr-Coulomb 强度准则进行三维化，并将其进行修正使之更符合真三轴试验结果。以修正的强度准则为基础，建立了一个简单适用的三维修正 Mohr-Coulomb 本构模型。编制率型本构方程的积分程序对松砂真三轴试验进行模拟，并分析中主应力对砂土应力应变关系的影响。

第 4 章在修正的三维 Mohr-Coulomb 模型中引入非共轴项，建立三维非共轴本构模型。基于分叉理论，将所建模型用于砂土平面应变状态下应变局部化预测，分析非共轴参数对预测结果的影响。其后，模拟真三轴应变局部化试验结果，研究中主应力比对应变局部化发生的影响。通过对比共轴理论和非共轴项理论的预测结果，证实非共轴项对应变局部化预测的重要性。

第 5 章在一维状态下，对软化材料中波的传播特性和静力应变局部化问题进行深入分析。采用局部和非局部塑性软化理论，通过求解动力学方程，得到波速的具体表达式，得出波在软化介质中得以传播的条件。通过对比两种理论得到的结果，证实软化材料中非局部理论保持动力方程双曲性的有效性。通过求解一个第二类 Fredholm 方程，对一维等截面拉杆的静力应变局部化问题进行深入分析，得出存在应变局部化解的条件，并得到塑性应变分布和荷载响应的解析解，为数值分析提供理论参考。在此基础上，分析了非等截面拉杆的应变局部化问题，探讨外部尺度对应变局部化发生和发展的影响。

第 6 章分别采用局部和非局部塑性软化模型，对一维静力应变局部化问题进行数值模拟。为深入研究局部和非局部理论对数值结果的影响，对增量平衡方程的切线刚度矩阵进行谱分析以研究离散平衡系统的本质特性。应变局部化刚发生时，谱分析包括了增量平衡方程总体刚度矩阵的特征值和特征向量的分析及增量位移解的分解。通过谱分析得出局部理论导致数值结果存在网格依赖的原因及非局部理论的正则化机理。

第 7 章在二维情形下模拟应变局部化问题。采用 J2 塑性软化模型对双轴压缩试验的模拟，对比了两种模型，得到了结果。同时，分析了特征长度的引入对非局部理论数值计算结果的影响。类似一维情形，通过谱分析对离散系统的固有特性进行研究，分析局部模型网格敏感性和解分叉的本质，以及非局部理论正则化的机制和效率。

第 8 章简要总结本书的主要工作及创新点并指出进一步的研究方向。

第2章 应变局部化理论解析

2.1 概　　述

本章首先介绍土体的失稳机理，对土体应变局部化发生的机理、表现形式和数学描述进行回顾。然后，采用一般形式的本构模型，基于分叉理论对应变局部化的发生进行理论预测。在轴对称条件下，详细分析了本构模型的选取及模型参数对应变局部化预测结果的影响，同时探讨剪切带、膨胀带和压缩带这3种应变局部化具体表现形式发生的理论条件。最后，通过梯度塑性模型探讨剪切带厚度与材料特征长度间的关系。

2.2 材料失稳与应变局部化

2.2.1 材料失稳与分叉

大多数岩土材料的应力-应变关系(图2-1)具有如下特征：在刚开始加载时，材料处于弹性变形阶段，应力随着变形的增大而增大；当达到屈服应力后，材料进入塑性状态，应力仍随着变形的增大而增大，但增大幅度减小，此时材料处于应变硬化阶段；当塑性变形达到一定程度后，应力水平达到材料强度值，随着变形的继续增大，应力开始逐渐降低，即材料进入应变软化阶段。

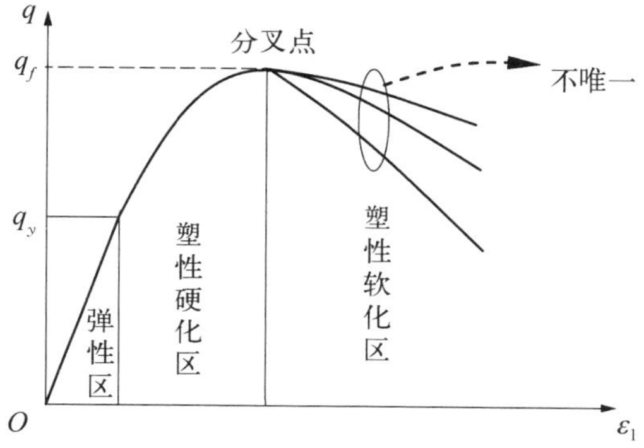

图 2－1　应力-应变关系

在加载过程中，一般认为，土体从硬化阶段到软化阶段的转变是材料本身的软化及变形模式的分叉造成的。分叉在数学上定义为对一个含参数的系统，当参数发生变动并经过某些临界值时，系统的定性性态（如平衡状态或周期运动的数目和稳定性等）将发生变化。早在 1744 年，Euler 就采用分叉理论研究压杆稳定问题。其后，Poincare 和 Liapunov 将分叉理论用于动力系统的稳定性分析。直到 Hill 和 Hutchinson[52] 将分叉理论用于弹塑性材料有限变形条件下的稳定性分析后，才引发了人们对材料稳定和变形局部化的广泛关注。

材料失稳是指在加载过程中，材料不能再承受更大的荷载作用。一般地，在材料强度峰值点前，材料是稳定的；在峰值点处，材料切向刚度矩阵奇异，材料失稳，变形模式开始发生分叉，从而使得应力-应变关系不再具有唯一性，如图 2－1 所示。通常认为材料的峰值点对应于材料的破坏点，也即分叉失稳点。然而，这不能对工程中一些失稳现象作出合理解释。因此，探讨材料的失稳机理，从而准确判断材料失稳点，成为当前研究的焦点问题。

从 20 世纪 50 年代开始，Drucker[190]、Bishop 和 Hill[191]探讨了材料的失稳机理。著名的 Drucker 公设要求稳定性材料的本构关系应满足二阶塑性功非负，即

$$\dot{\sigma}_{ij}\dot{\varepsilon}_{ij}^{\mathrm{p}}=\dot{\varepsilon}_{ij}^{\mathrm{p}}D_{ijkl}\dot{\varepsilon}_{kl}^{\mathrm{p}}\begin{cases}>0 & \text{稳定}\\=0 & \text{临界}\\<0 & \text{失稳}\end{cases}\tag{2-1}$$

然而，Mandel[49]和 Mróz[192]的理论分析却表明 Drucker 理论只是材料稳定的充分条件而非必要条件。

Hill[191]用总应变率替代式(2-1)中的塑性应变率，来分析材料的稳定性，认为若材料是稳定的，需满足

$$\dot{\sigma}_{ij}\dot{\varepsilon}_{ij}=\dot{\sigma}_{ij}(\dot{\varepsilon}_{ij}^{\mathrm{e}}+\dot{\varepsilon}_{ij}^{\mathrm{p}})\geqslant 0\tag{2-2}$$

式中取等号情形即为一般分叉准则，它同时也可用作为解的唯一性判别准则。当材料处于软化塑性阶段时，弹性能增量 $\dot{\sigma}_{ij}\dot{\varepsilon}_{ij}^{\mathrm{e}}$ 与塑性能增量 $\dot{\sigma}_{ij}\dot{\varepsilon}_{ij}^{\mathrm{p}}$ 符号相反。通过对比式(2-1)和式(2-2)可以看出，Drucker 稳定性公设只是 Hill 唯一性准则的充分条件而非必要条件，意味着即使材料在不满足 Drucker 公设的条件下，也并不一定违背 Hill 的唯一准则。据此，Lade[65,193]认为 Hill 的稳定性条件比 Drucker 准则更能保证材料稳定性的准确判断。一般来说，正的塑性功的增量总是与应力应变关系曲线中的硬化段相联系的，而负值总是与峰值破坏后的软化段相联系的，这表明硬化材料是稳定的，而软化材料是不稳定的。

对于服从关联流动的塑性模型来说，Drucker 公设是适用的。然而，对于岩土类材料，通常要用到非关联流动法则，Drucker 公设不再适用。解的唯一性判别准则式(2-2)和二阶塑性功非负失稳判别式(2-1)只有当材料

服从关联流动法则，即弹塑性矩阵为对称矩阵时才相同，而当材料服从非关联流动法则时，弹塑性矩阵不对称，二阶塑性功非负失稳准则将超前于解的唯一性判别准则。

Valanis[194]认为，极限点对应于材料的失稳点，以及极限点是判断材料失稳的充分必要条件。极限点对应的应力率为零，切线模量具有零特征值，即

$$\dot{\sigma}_{ij} = D_{ijkl}^{\mathrm{ep}} \dot{\varepsilon}_{kl} = 0 \Rightarrow \det(D_{ijkl}^{\mathrm{ep}}) = 0 \tag{2-3}$$

当材料服从关联流动法则时，满足一般分叉准则的点和极限点是相同的，Drucker 理论也同样认为，极限点的出现是材料失稳的必要条件。

Mandel[49]用弹塑性模量与应变率的内积表示应力率，导出如下稳定性准则：

$$\dot{\varepsilon}_{ij}\dot{\sigma}_{ij} = \dot{\varepsilon}_{ij} D_{ijkl}^{\mathrm{ep}} \dot{\varepsilon}_{ij} > 0 \tag{2-4}$$

式(2-4)表明，只要本构率张量 D_{ijkl}^{ep} 保持正定，材料就是稳定的。

进一步地，若将应变率表示为

$$\dot{\varepsilon}_{ij} = n_i \otimes g_j \tag{2-5}$$

则可得到

$$(n_i \otimes g_j) D_{ijkl}^{\mathrm{ep}} (n_k \otimes g_l) > 0 \tag{2-6}$$

式(2-6)即要求 $\boldsymbol{n} \cdot \boldsymbol{D}^{\mathrm{ep}} \cdot \boldsymbol{n}$ 保持正定。若本构张量 $\boldsymbol{D}^{\mathrm{ep}}$ 是对称的，式(2-6)等同于张量的所有特征根为正实数。

值得一提的是，应变软化材料虽然不满足 Drucker 公设，但却满足 Il'yushin 公设，因而在应变空间中屈服面外凸与塑性流动法则是成立的，因而可在一般弹塑性有限元法理论体系中进行分析研究。

2.2.2 应变局部化的数学描述

在对岩土体加载过程中，常观察到原本平滑分布的变形模式被一种急剧不连续的位移梯度所取代，大量剪切变形集中在相对狭窄的带状区域内，这种现象称为应变局部化。从物理机制来看，应变局部化往往与试样中的薄弱点或应力集中点有关，在加载作用下，颗粒从这些点开始定向排列，逐步扩展形成一个贯穿的剪切带如图 2-2 所示。应变局部化的发生意味着材料原先均匀变形模式的分叉，使得变形模式不再均匀。不均匀变形连续体被分为 3 个区域，即局部化变形区域和两个在水平方向移动方向相反的连续变形区域。应变局部化的发生常伴随着应变软化，为满足平衡条件，应变局部化带发生后，带外弹性卸载，而带内为塑性加载且呈软化塑性状态。

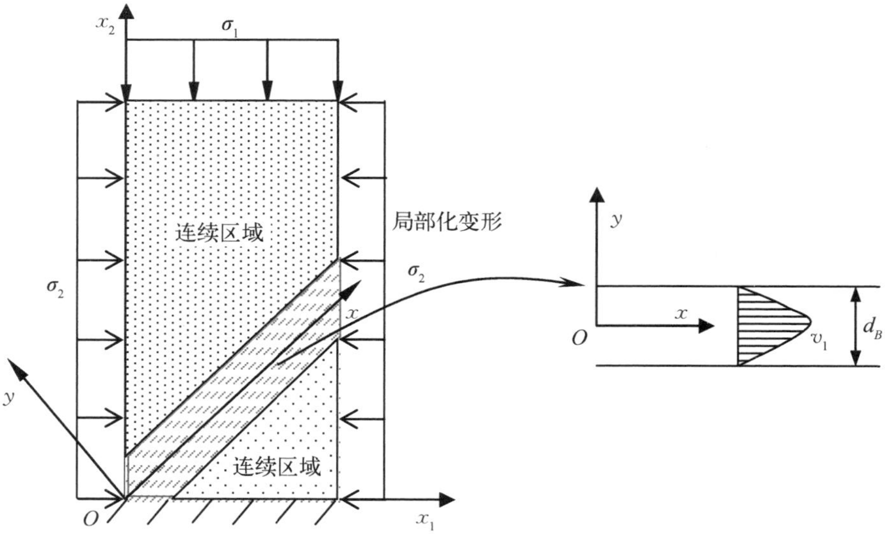

图 2-2 剪切带示意图

在数学上，描述应变局部化的发生条件一般为在均匀变形场上假设一个附加变形场，当材料受到进一步加载作用时，寻求满足这种附加变形存在和发展的条件，即分叉条件。当分叉条件满足时，材料的进一步变形将有两种可能，既可以按照原来均匀的变形模式发展，也可以按照局部化的变形模式发展，这即是所谓的变形模式分叉。同时，这也说明分叉条件只是应变局部化发生的必要条件，而非充分条件。

Hill[52,195] 最早用分叉理论建立了预测应变局部化的理论框架。Rudnicki 和 Rice[51]，Rice[50]继续深入研究，将局部化变形带考虑为薄材料层，并假定带内外有着不同的变形率，提出了应变局部化判别准则的分叉理论表达式并成为了目前应变局部化研究的主要理论基础。该准则具体表述为速度场通过局部化变形带保持连续，速度梯度通过局部化变形带发生跳跃，但速度和速度梯度在平行于局部化变形带方向仍保持均匀。根据 Maxwell 相容条件，设带内变形率为

$$v_{i,j} = v_{i,j}^{0} + \widetilde{v}_{i,j} = v_{i,j}^{0} + g_i n_j \tag{2-7}$$

式中，$v_{i,j}$ 和 $v_{i,j}^{0}$ 分别为带内和带外的变形率；g_i 为带内附加的速度梯度；n_j 为带面单位法线向量。

带内外材料本构描述分别为

$$\begin{cases} \hat{\sigma}_{ij} = D_{ijkl}^{\mathrm{ep}} \dot{\varepsilon}_{kl} \\ \hat{\sigma}_{ij}^{0} = (D_{ijkl}^{\mathrm{ep}})^{0} \dot{\varepsilon}_{kl}^{0} \end{cases} \tag{2-8}$$

式中，D_{ijkl}，$(D_{ijkl}^{\mathrm{ep}})^{0}$ 分别为带内和带外的弹塑性模量矩阵；^代表 Jaumann 应力率。

假定带内土体应力率 $\hat{\sigma}_{ij}$ 可以通过在带外土体应力率 $\hat{\sigma}_{ij}^{0}$ 附加一个应力率 $\hat{\hat{\sigma}}_{ij}$ 得到，即

$$\hat{\sigma}_{ij} = \hat{\sigma}_{ij}^{0} + \hat{\hat{\sigma}}_{ij} \tag{2-9}$$

带内附加应力率由附加应变率表示为

$$\hat{\dot{\sigma}}_{ij} = D^{\mathrm{ep}}_{ijkl}\,\dot{\varepsilon}_{kl} = D^{\mathrm{ep}}_{ijkl} n_k g_l \tag{2-10}$$

考虑局部化变形带在法向方向力的平衡条件，可得

$$n_i\,\dot{\sigma}_{ij} = n_i(\dot{\sigma}_{ij} - \dot{\sigma}^0_{ij}) = 0 \tag{2-11}$$

联立式(2-8)，式(2-10)和式(2-11)，得到

$$(n_i D_{ijkl} n_l + B_{jk}) g_k = n_i (D_{ijkl} - D^0_{ijkl}) \varepsilon^0_{kl} \tag{2-12}$$

式中，B_{jk} 表示有限变形下位移场的旋度引起的应力率的变化量。

$$\begin{aligned} B_{jk} = \frac{1}{2}(&-n_j(n_p\sigma_{pk}) + (n_s\sigma_{st}n_t)\delta_{jk} + \\ &(n_p\sigma_{pj})n_k - \sigma_{jk}) \end{aligned} \tag{2-13}$$

当 $D_{ijkl} = D^0_{ijkl}$ 时，发生连续分叉；而当 $D_{ijkl} \neq D^0_{ijkl}$ 时，发生不连续分叉。一般情况下，连续性分叉先于不连续分叉，因此

$$(n_i D^{\mathrm{ep}}_{ijkl} n_l + B_{jk}) g_j = 0 \tag{2-14}$$

要使式(2-14)有非零解，则需满足

$$\det(n_i D^{\mathrm{ep}}_{ijkl} n_l + B_{jk}) = 0 \tag{2-15}$$

式中，括号内的部分也常被称为声学张量（acoustic tensor）。注意到，Rudnicki 和 Rice 的应变局部化判别准则式(2-15)实际上和 Mandel 的材料稳定性条件是相同的。目前，应变局部化的理论分析，大多数是通过对本构方程弹塑性刚度矩阵构成的声学张量进行检验，从而导出分叉条件的理论解或数值解。

2.3　应变局部化理论预测

2.3.1　应变局部化的表现形式

大量试验研究表明，受材料剪胀或剪缩性影响，应变局部化表现形式呈现多样性，如低孔隙岩石和密砂，剪胀特性占主导作用，应变局部化表现为剪胀型剪切带，如图 2－3(a)所示，这是应变局部化表现最多的一种形式，也是目前研究较多的一种。然而，应变局部化的表现形式远不止这一种，当高孔隙率岩石受较高围压作用时，由于材料孔隙的塌陷和颗粒破碎，在加载下将表现为剪缩，得到的是压缩型剪切带或压实带[196-198]。压实带是一种与剪切带完全不同的应变局部化现象，带内只存在压缩变形而不存在剪切变形，如图 2－3(b)所示，这种现象易于在高孔隙率岩石的脆延转化区出现[198-199]。同时，在极低围压或零围压(单轴压缩)下还发现了一种类似于轴向劈裂的应变局部化现象[30]，通常称之为膨胀带[200-201]，如图 2－3(c)所

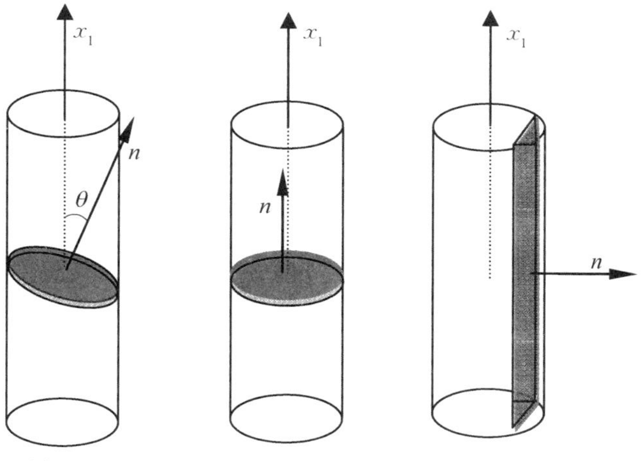

图 2－3　变形带表现形式

示。剪切带、压实带和膨胀带这 3 种应变局部化具体表现形式可统称为变形带[196]。

根据带面的方向角不同,3 种变形带可分为

$$\begin{cases} 0 < \theta < \pi/2 & \text{剪切带} \\ \theta = 0 & \text{压缩带} \\ \theta = \pi/2 & \text{膨胀带} \end{cases} \tag{2-16}$$

式中,θ 代表变形带法线与大主应力方向的夹角,也即为带面与小主应力方向的夹角。

2.3.2 应变局部化的产生条件

由分叉条件式(2-15)可以看出,应变局部化的预测强烈依赖于弹塑性矩阵 D_{ijkl}^{ep},因而材料本构模型的选择对预测结果至关重要。由于材料力学特性的不同,应变局部化的表现形式也将呈现很大差别。因此,选择的本构模型不仅要合理描述材料的应力应变特性,也要能合理预测应变局部化的发生和表现形式。以往研究表明,基于剪切型的本构方程,预测到的应变局部化形式是高角度剪胀型剪切带,而采用体积型的本构模型,则预测到的是低角度剪缩型的剪切带或压实带。这里,我们具体分析本构模型对应变局部化预测的影响。采用一般形式的本构关系进行探讨,取屈服函数和塑性势函数分别为

$$\begin{cases} F = q - \mu p = 0 \\ Q = q - \beta p = 0 \end{cases} \tag{2-17}$$

式中,$p = \sigma_{kk}/3$, $q = \sqrt{3s_{ij}s_{ij}/2}$, $s_{ij} = \sigma_{ij} - \sigma_{kk}/3$ 为偏应力;$\mu = \mu(p, q, \varepsilon_{\mathrm{s}}^{\mathrm{p}}, \varepsilon_{\mathrm{v}}^{\mathrm{p}})$ 和 $\beta = \beta(p, q, \varepsilon_{\mathrm{s}}^{\mathrm{p}}, \varepsilon_{\mathrm{v}}^{\mathrm{p}})$ 分别对应于 p-q 空间屈服函数和塑性势函数曲线的坡度,分别反映了屈服面和塑性势面的形状,如图 2-4 所示。一般地,F

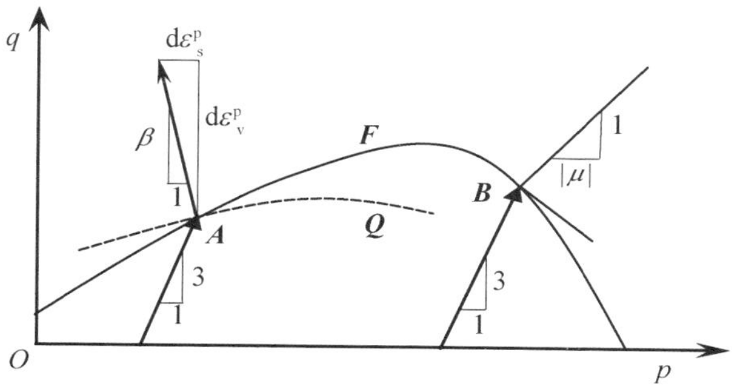

图 2-4　$p-q$ 面上屈服函数及塑性应变示意图

和 Q 均为非线性方程，若 μ、β 与 p、q 无关，则退化为线性方程；广义塑性剪应变 $\varepsilon_s^p=\sqrt{2e_{ij}^p e_{ij}^p/3}$，塑性偏应变 $e_{ij}^p=\varepsilon_{ij}^p-\delta_{ij}\varepsilon_{kk}^p/3$，塑性体应变 $\varepsilon_v^p=\varepsilon_{kk}^p$。

Rice[50]根据式(2-15)给出了小变形情况下应变局部化发生时临界塑性硬化模量的理论解析为

$$\frac{h_{cr}}{2G}=2n_i f_{ij} g_{jk} n_k-n_i f_{ij} n_j n_k g_{kl} n_l-f_{ij} g_{ij}-\frac{\nu}{1-\nu}(n_i f_{ij} n_j-f_{mm})(n_k g_{kl} n_l-g_{nn})$$

$$(i,\ j,\ k,\ l,\ m,\ n=1,\ 2,\ 3) \tag{2-18}$$

式中，ν 为泊松比；G 为弹性剪切模量；f_{ij} 为屈服函数的梯度（$f_{ij}=\partial F/\partial\sigma_{ij}$）；$g_{kl}$ 为塑性势函数的梯度（$g_{kl}=\partial Q/\partial\sigma_{kl}$）；$n_i$ 代表剪切带法线方向。联立式(2-17)和式(2-18)，得到临界硬化模量为

$$h_{cr}=\frac{[9(1-2\nu)Gn_i s_{ij} n_j+2G(1+\nu)q\beta]\cdot[9(1-2\nu)Gn_k s_{kl} n_l+2G(1+\nu)q\mu]}{18(1-2\nu)(1-\nu)Gq^2}+3G\left[\frac{\sqrt{3}n_i s_{ij} n_k s_{kj}}{q^2}-\left(\frac{\sqrt{3}n_i s_{ij} n_j}{q}\right)^2-1-\frac{2(1+\nu)}{9(1-2\nu)}\beta\mu\right] \tag{2-19}$$

从式(2-19)可以看出，h_{cr} 随着 n_i 的变化而变化。由于塑性硬化模量 h 随

着塑性变形的增加而减小，因而 h_{cr} 的最大值 $(h_{cr})_{max}$ 即对应于应变局部化发生时的硬化模量，相应的 n_i 为变形带的方向。因此，用分叉理论预测应变局部化现象，可归结为以下约束极值问题：

$$\begin{cases} \max(h_{cr}) \\ \sum_{i=1}^{3} n_i^2 = 1 \end{cases} \tag{2-20}$$

通过乘积因子法求解式(2-20)，得

$$(h_{cr})_{,n_k} + \lambda g_{,n_k} = 0 \tag{2-21}$$

式中，$g = \sum_{i=1}^{3} n_i^2 - 1$。

对式(2-21)的求解，分 3 种情况进行分析：

(1) n_i 全不为零，这种情况只有当应力状态为纯静水压缩时才成立，同时得到的解为一个相当大的负值[51]，因此一般不考虑这种情况。

(2) 其中一个 n_i 为零，不失一般性，令 $n_{\mathrm{II}} = 0$，$n_{\mathrm{I}} \neq 0$，$n_{\mathrm{III}} \neq 0$。Rudnicki 和 Rice[51]、Perrin[202]、Issen[203]给出了这种情况下，剪切带出现需满足的条件为

$$\frac{3\left[(1-2\nu)N_{\mathrm{II}} - \sqrt{4-3N_{\mathrm{II}}^2}\right]}{2(1+\nu)} \leqslant (\beta+\mu) \leqslant \frac{3\left[(1-2\nu)N_{\mathrm{II}} + \sqrt{4-3N_{\mathrm{II}}^2}\right]}{2(1+\nu)} \tag{2-22}$$

式中，$N_K = \sqrt{3}s_K/q(K = \mathrm{I}, \mathrm{II}, \mathrm{III})$；$\nu$ 为泊松比；对应的临界硬化模量为

$$\frac{(h_{cr})_{\mathrm{II}}}{G} = \frac{(1+\nu)(\beta-\mu)^2}{9(1-\nu)} - \frac{(1+\nu)}{2}\left[N_{\mathrm{II}} + \frac{1}{3}(\beta+\mu)\right]^2 \tag{2-23}$$

剪切带面法线方向为

$$\begin{cases} n_{\mathrm{I}}^2 = \dfrac{N_{\mathrm{I}} + \nu N_{\mathrm{II}} + \dfrac{1}{3}(1+\nu)(\beta+\mu)}{N_{\mathrm{I}} - N_{\mathrm{III}}} \\ n_{\mathrm{III}}^2 = \dfrac{N_{\mathrm{III}} + \nu N_{\mathrm{II}} + \dfrac{1}{3}(1+\nu)(\beta+\mu)}{N_{\mathrm{I}} - N_{\mathrm{III}}} \end{cases} \tag{2-24}$$

(3) n_i 中有两个为零，此时，也分两种情况，而当式(2-22)右边不满足时，即

$$(\beta+\mu) \geqslant \frac{3[(1-2\nu)N_{\mathrm{II}} + \sqrt{4-3N_{\mathrm{II}}^2}]}{2(1+\nu)} \tag{2-25}$$

变形带表现为膨胀带 ($n_{\mathrm{I}} = 1,\ n_{\mathrm{II}} = n_{\mathrm{III}} = 0$) 形式。

当式(2-22)左边不满足时，即

$$(\beta+\mu) \leqslant \frac{3[(1-2\nu)N_{\mathrm{II}} - \sqrt{4-3N_{\mathrm{II}}^2}]}{2(1+\nu)} \tag{2-26}$$

变形带表现为压实带 ($n_{\mathrm{III}} = 1,\ n_{\mathrm{I}} = n_{\mathrm{II}} = 0$) 形式。膨胀带 ($K = \mathrm{I}$) 和压实带 ($K = \mathrm{III}$) 分别对应的临界硬化模量为

$$\frac{(h_{cr})_K}{G} = \frac{(1+\nu)(\beta-\mu)^2}{9(1-\nu)} - \left(1-\frac{3}{4}N_K^2\right) - \frac{(1+\nu)}{(1-\nu)}\left[\frac{1}{2}N_K - \frac{1}{3}(\beta+\mu)^2\right] \tag{2-27}$$

式中，$K = \mathrm{I}$，Ⅲ(Ⅲ 为最大主应力方向)。

从式(2-22)至式(2-27)可以看出，临界硬化模量与变形带角度强烈依赖于本构参数，两者均可由 p-q 面上屈服函数和塑性势函数的倾角 μ、β 直观地表示。从图 2-4 可以看出，μ、β 是沿着 p 的正方向由正值逐渐减小变为负值的一个连续变化的过程。若 A 点以左部分满足式(2-21)时，也即加载应力路径与屈服面交于 A 点左侧时，变形带表现为膨胀带；若 B 点

以右部分满足式(2－21)，当加载应力路径与屈服面交于 A 点右侧时，变形带表现为压实带；而交于 A、B 之间的点满足式(2－21)时，变形带表现为剪切带，也只有当加载应力路径与屈服面相交于 A、B 之间时，剪切带才可能产生。

当试样处于轴对称状态时，在主应力空间对式(2－21)进行求解。用Ⅰ方向代表大主应力方向，Ⅱ、Ⅲ代表中主应力和小主应力方向，由于在三轴条件下，其水平方向的两个主应力实际上是等同的。由于不能得到 $n_K(K=\text{Ⅰ},\text{Ⅱ},\text{Ⅲ})$ 均不为零时的解[17]，因此，n_K 至少有一个为零。

当满足式(2－22)时，即

$$-3\leqslant\beta+\mu\leqslant\frac{3(2-\nu)}{1+\nu}\tag{2-28}$$

变形带表现为剪切带形式，对应的硬化模量为

$$\frac{(h_{cr})_{\text{Ⅱ}}}{G}=\frac{(1+\nu)(\beta-\mu)^2}{9(1-\nu)}-\frac{(1+\nu)}{2}\left[1+\frac{\beta+\mu}{3}\right]^2\tag{2-29}$$

变形带方向 θ 可表示为

$$\tan^2\theta=\frac{\xi+2/\sqrt{3}}{1/\sqrt{3}-\xi}\tag{2-30}$$

式中，$\xi=(1+\nu)(\beta+\mu)/3\sqrt{3}-(1-\nu)/\sqrt{3}$。

当式(2－25)满足时，得到

$$\beta+\mu\geqslant3(2-\nu)/(1+\nu)\tag{2-31}$$

变形带表现为膨胀带，对应的临界硬化模量为

$$\frac{(h_{cr})_{I}}{G}=\frac{(1+\nu)(\beta-\mu)^2}{9(1-\nu)}-\frac{9}{4}-\frac{(1+\nu)}{(1-\nu)}\left[\frac{1}{2}-\frac{\beta+\mu}{3}\right)\Bigg]^2\tag{2-32}$$

当式(2-26)满足时，即

$$\beta+\mu\leqslant-3 \tag{2-33}$$

变形带表现为压实带，对应的临界硬化模量为

$$\frac{(h_{cr})_{\mathrm{III}}}{G}=\frac{(1+\nu)(\beta-\mu)^2}{9(1-\nu)}-\frac{(1+\nu)}{(1-\nu)}\left[1+\frac{\beta+\mu}{3}\right]^2 \tag{2-34}$$

因此，变形带方向角随 μ 和 β 的变化关系式可统一表示为

$$\theta=\begin{cases}90^\circ, & \beta+\mu\geqslant 3(2-\nu)/1+\nu \\ \tan^{-1}\left(\sqrt{\dfrac{\xi+2/\sqrt{3}}{1/\sqrt{3}-\xi}}\right), & -3\leqslant\beta+\mu\leqslant\dfrac{3(2-\nu)}{1+\nu} \\ 0^\circ, & \beta+\mu\leqslant-3\end{cases} \tag{2-35}$$

变形带角度随 $\mu+\beta$ 变化规律，如图2-5所示。当 $\beta+\mu\leqslant-3$ 时，$\theta=0^\circ$，变形带表现为压实带形式；$-3<\beta+\mu<0$ 时，$0^\circ<\theta<40.8^\circ$，变形带表现为低角度压缩型剪切带；当 $0<\beta+\mu<4$ 时，$40.8^\circ<\theta<90^\circ$，变形带表现为高角度剪胀型剪切带，这也即是以往研究涉及到的范围；$\beta+\mu\geqslant4$ 时，角度为 90°，变形带表现为膨胀带。

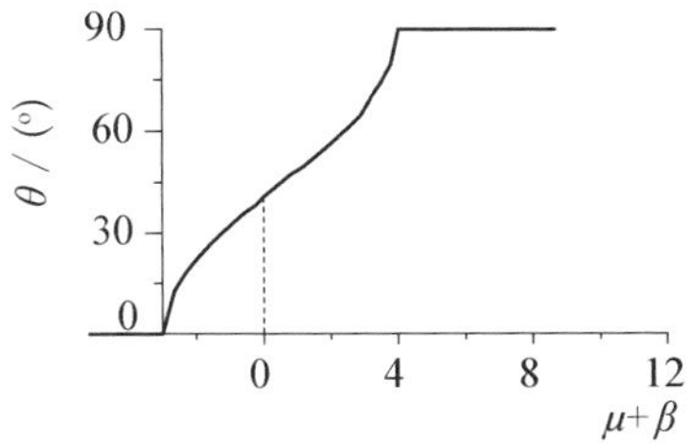

图2-5　变形带角度变化规律(ν=0.28)

从式(2-28)至式(2-35)可以看出，μ 的取值范围强烈影响着变形带的理论预测结果。传统本构模型认为岩土类材料的屈服中，剪切屈服起主要作用，对应屈服面为开口形式，使得 μ 局限在大于0的范围，这样，理论预测到的变形带表现形式限制在高角度膨胀型剪切带范围，无法解释小角度压缩型剪切带和压实带现象。理论和试验都证明了高孔隙岩石在高应力状态下，随着体应力的增大，后继塑性变形所需的剪应力减小[19-24]，只有采

用帽盖模型(对应 $\mu<0$)才能更好地描述这一性质。正是由于不同应力条件下 μ 的取值范围不同，从而预测的变形带在表现形式上会有很大差异。图 2-4 形象地表示了屈服面和轴对称状态下加载路径的关系。在低围压下加载时，剪切屈服起主要作用，μ 为正值，这即是我们通常研究到的范围；当围压较高时，土体内部孔隙坍塌和颗粒破碎较明显，压缩屈服起主要作用，μ 为负值。

为表达方便，引入参数 δ 描述流动法则的非关联性，得到

$$\beta=\delta\mu \tag{2-36}$$

若 $\delta=1$，表示关联流动法则；若 $\delta\neq 1$，表示非关联流动法则。将式(2-36)分别代入式(2-29)、式(2-32)和式(2-35)，得到变形带形成时的临界硬化模量为

$$h_{cr}=\begin{cases}(h_{cr})_{\mathrm{I}}, & \mu\geqslant\dfrac{3(2-\nu)}{(1+\nu)(1+\delta)}\\[2ex] (h_{cr})_{\mathrm{II}}, & -\dfrac{-3}{(1+\delta)}\leqslant\mu\leqslant\dfrac{3(2-\nu)}{(1+\nu)(1+\delta)}\\[2ex] (h_{cr})_{\mathrm{III}}, & \mu\leqslant\dfrac{-3}{(1+\delta)}\end{cases} \tag{2-37}$$

式中，

$$\begin{cases}\dfrac{(h_{cr})_{\mathrm{I}}}{G}=\dfrac{(1+\nu)\ (1-\delta)^2\mu^2}{9(1-\nu)}-\dfrac{9}{4}-\dfrac{(1+\nu)}{(1-\nu)}\left[\dfrac{1}{2}-\dfrac{(1+\delta)\mu}{3}\right]^2\\[2ex] \dfrac{(h_{cr})_{\mathrm{II}}}{G}=\dfrac{(1+\nu)\ (1-\delta)^2\mu^2}{9(1-\nu)}-\dfrac{(1+\nu)}{2}\left[1+\dfrac{(1+\delta)\mu}{3}\right]^2\\[2ex] \dfrac{(h_{cr})_{\mathrm{III}}}{G}=\dfrac{(1+\nu)\ (1-\delta)^2\mu^2}{9(1-\nu)}-\dfrac{(1+\nu)}{(1-\nu)}\left[1+\dfrac{(1+\delta)\mu}{3}\right]^2\end{cases}$$

对不同 δ 值，得到 h_{cr}/G 与 μ 的关系如图 2-6 所示。“+”中间部分代

表 h_{cr}^{II}，以左部分代表 h_{cr}^{I}，以右部分代表 h_{cr}^{III}。从图 2-6 可以看出，当采用关联流动法则时，$\delta=1$，则 $h_{cr}/G\leqslant 0$，表明三轴压缩状态下只能在软化区才能发生应变局部化。而采用非关联流动时，图 2-6 给出了 $\delta=0.6$ 和 $\delta=0.8$ 时 h_{cr}/G 的变化规律。从图中可以看出，在 $\mu=-3/(1+\delta)$ 附近很小范围内，$h_{cr}/G>0$，表明只有在这个范围内硬化区有可能发生局部化。当 μ 很大，满足 $\mu>3(2-\nu)/(1+\nu)(1+\delta)$ 时，变形带将表现为膨胀带，临界硬化模量 h_{cr}^{I}/G 小于零，表明膨胀带只能在软化区产生。当 μ 逐渐减小，$-3/(1+\delta)<\mu<3(2-\nu)/(1+\nu)(1+\delta)$ 时，变形带表现为剪切带，采用关联流动法则 $(\delta=1)$，应变局部化只能发生在软化区，而若采用非关联流动法则 $(\delta\neq 1)$ 时，在 $\mu=-3/(1+\delta)$ 附近的硬化区可以预测到应变局部化发生。当 μ 很小，达到 $\mu<-3/(1+\delta)$ 时，变形带表现为压实带，临界硬化模量 h_{cr}^{III}/G 小于零，表明压实带也发生在软化区。随着 μ 进一步减小，h_{cr}/G 迅速降低，表明压实带变得越来越难以形成，岩石表现为延性破坏，压实带实际上代表着脆性剪切带破坏向延性破坏的过渡。

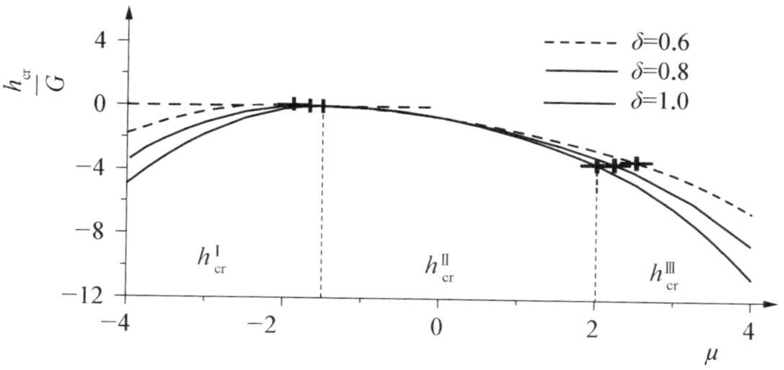

图 2-6　临界硬化模量变化规律(ν=0.28)

2.3.3　试验验证

对于岩石的研究，通常采用屈服面为开口形式的本构模型，这隐含了在纯静水压缩下不屈服或静水压缩下屈服应力趋于无穷大的假定。这种假定能够合理描述低孔隙率岩石在低围压下的力学性质。然而，这与高孔隙岩石在高围压下的压缩试验结果不符。高孔隙岩石在低围压下加载时，剪切起主要作用，而在高压下，随着体应力的增大，后继塑性变形所需的剪应力却反而减小[197,200-201]，开口形式的屈服面在高围压下并不适用。一系列研究表明了帽盖屈服面在高孔隙岩石在高围压下的适用性[204-205]。如Carroll[206]提出了抛物线形式的屈服面模型，DiMaggio 和 Sandler[204]提出了椭圆屈服模型，Grueschow 和 Rudnicki[205]、Rudnicki[207]则对 DiMaggio 和 Sandler 的模型进行了改进。这里，我们采用的是，Shah[208]提出的一种类似剑桥模型的椭圆方程形式的屈服函数。

$$F = q^2 - M^2(p + f_e)(p_0 - p) = 0 \tag{2-38}$$

式中，f_e 代表拉伸强度；p_0 可通过纯静水压缩试验得到，代表颗粒开始压碎时的值。由于应变局部化一般在屈服面发展到接近破坏面时才发生[50]，因此，可以将破坏函数代入式(2-17)进行理论分析，故 M 可由最大内摩擦角 φ 求出，即

$$M = \frac{6\sin\varphi}{3 - \sin\varphi} \tag{2-39}$$

当高孔隙率岩石在三轴应力状态下加载时，应力路径表示为

$$q = 3(p - \sigma_c) \tag{2-40}$$

式中，σ_c 为初始围压，联立式(2-17)、式(2-38)和式(2-40)，得

$$\mu = M^2\left[\frac{p_0 - A - f_e}{3A - 6\sigma_c}\right] \tag{2-41}$$

式中，$A = \dfrac{\sqrt{(M^2 + 18\sigma_c - M^2 f_e)^2 - 4(9 + M^2)(9\sigma_c^2 - M^2 p_0 f_e)}}{9} + \dfrac{(M^2 + 18\sigma_c - M^2 f_e)}{9}$。

进行应变局部化预测时，各参数分别取为 $f_e = 2\,\text{MPa}$，$\varphi = 30°$，$\nu = 0.28$，$\delta = 0.8$，而 p_0 取 Grueschow 和 Rudnicki[205]的论文中几组砂岩试验数据的平均值 320 MPa。用本书方法预测砂岩变形带角度 θ 随围压变化关系曲线如图 2－7 所示。预测结果表明当围压很小时，变形带角度变化很快，在围压为 0 MPa 时，对应方向角约为 82°，变形带带面接近于大主应力方向，在极低围压下，试验中观察到的一种类似于轴向劈裂的应变局部化现象；随着围压的增加，变形带角度逐渐减小，这与试验得到的剪切带角度随围压的增大而减小的规律相符[207-209]；当围压达到170 MPa以上时，变形带角度迅速减小；当围压达到 206 MPa 以上时，角度变为零，应变局部化实际上表现为压实带形式，这与 Issen[200]和 Rudnicki[207]的理论预测及 Olsson[27]的试验结果相符。通过与 Fontainebleau 砂岩[209]在 7 MPa、14 MPa、28 MPa 和 42 MPa 围压下剪切带的方向角的一组试验结果进行对比，如图2－7所示。本书理论能较为准确地反映在这一围压范围内变形带方向角随围压的变化规律。

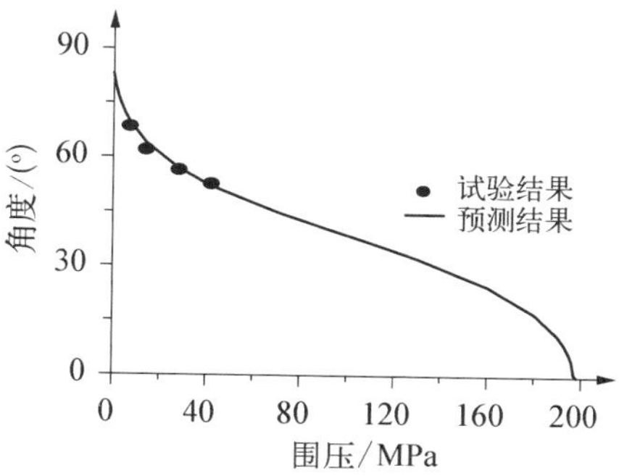

图 2－7　变形带角度 θ 与围压的关系

用本书方法预测 Berea 砂岩、Darley Dale 砂岩和 Rothbach 砂岩试验中，应变局部化表现形式从剪切带过渡到压实带的临界围压结果见表 2－1。对于 Berea 砂岩，在围压为 150 MPa 下观察到压实带出现；对于 Rothbach 砂岩，在围压为 130 MPa 时观察到压实带出现；对于 Darley Dale 砂岩，由于最高围压只达到 110 MPa，不能观察到压实带的发生，但均观察到了剪切带的出现。通过表 2－1 的对比可看出，本书预测结果明显优于 Rudnicki[207]的预测结果。

理论分析表明，岩土体的应变局部化不仅可能以剪切带形式出现，还

表 2-1　临界围压值计算结果　MPa

样本名称	Berea 砂岩	Darley Dale 砂岩	Rothbach 砂岩
试验结果	150	—	130
文献[207]结果	268～313	254～296	170～198
本文结果	170	165	110

可能表现为压实带或膨胀带形式。本构模型中屈服面的形状和初始围压直接地影响着变形带的具体表现形式。在轴对称条件下，不管是采用关联法则，还是非关联流动法则，预测到压实带或膨胀带只有在软化阶段才能产生。当采用非关联流动法则时，在特定范围内，预测到剪切带可以发生于硬化阶段。分析表明，岩石变形带的角度随围压的增大而减小。高孔隙岩石的脆延转化并非一个突变过程，而是以压实带的形成作为过渡，低围压下表现为脆性剪切带破坏，当围压达到临界围压时，压实带可能形成，随着围压继续增加，压实带变得难以形成，宏观上表现为延性破坏。

2.4　剪切带角度预测的改进

2.4.1　屈服方向的改进

根据塑性力学原理，总应变率 $\dot{\varepsilon}_{ij}$ 可分解为弹性和塑性部分，即

$$\dot{\varepsilon}_{ij}=\dot{\varepsilon}_{ij}^{\mathrm{e}}+\dot{\varepsilon}_{ij}^{\mathrm{p}} \tag{2-42}$$

塑性应变率为

$$\dot{\boldsymbol{\varepsilon}}^{\mathrm{p}}=\frac{1}{H}\left(\frac{\partial F}{\partial \boldsymbol{\sigma}}:\dot{\boldsymbol{\sigma}}\right)\frac{\partial Q}{\partial \boldsymbol{\sigma}} \tag{2-43}$$

式中，F 为屈服函数；Q 为塑性势函数。为改进应变局部化预测能力，

Bardet[60]提出了一种通过叠加塑性机制的方法改进材料本构模型，即在原来塑性应变上叠加一个塑性应变，见式(2-44)。

$$\dot{\boldsymbol{\varepsilon}}^{\mathrm{p}} = \dot{\boldsymbol{\varepsilon}}^{\mathrm{p}} + \dot{\boldsymbol{\varepsilon}}^{\mathrm{ap}} \tag{2-44}$$

附加的塑性应变 $\dot{\boldsymbol{\varepsilon}}^{\mathrm{ap}}$ 为

$$\dot{\boldsymbol{\varepsilon}}^{\mathrm{ap}} = \frac{1}{H_\delta}\left(\frac{\partial Q}{\partial \boldsymbol{\sigma}} : \dot{\boldsymbol{\sigma}}\right)\frac{\partial Q}{\partial \boldsymbol{\sigma}} \tag{2-45}$$

式中，$H_\delta = -H/\delta$，$\alpha(0 \leqslant \delta \leqslant 1)$ 决定了叠加的塑性应变的塑性模量大小。各塑性应变增量在屈服面和塑性势面上的关系如图 2-8 所示。

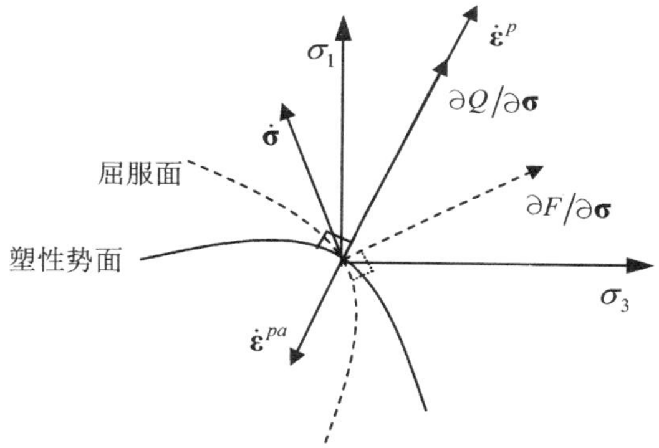

图 2-8　双塑性流动机制示意图

最后，得到塑性应变率增量为

$$\dot{\boldsymbol{\varepsilon}}^{\mathrm{p}} = \frac{1}{H}\left[\left(\frac{\partial F}{\partial \boldsymbol{\sigma}} - \alpha\frac{\partial Q}{\partial \boldsymbol{\sigma}}\right) : \dot{\boldsymbol{\sigma}}\right]\frac{\partial Q}{\partial \boldsymbol{\sigma}} \tag{2-46}$$

式(2-46)表明，通过叠加一个新的塑性机制后，可以实现对屈服方向改进的目的，改进后，塑性应变的大小改变而方向仍保持不变。

2.4.2　剪切带角度预测结果分析

在平面应变状态下，二维 Mohr-Coulomb 模型的屈服函数和塑性势函数为

$$\begin{cases} F = (\sigma_1 - \sigma_3) - \sin\varphi(\sigma_1 + \sigma_3) - c \cdot \cos\varphi = 0 \\ Q = (\sigma_1 - \sigma_3) - \sin\psi(\sigma_1 + \sigma_3) = 0 \end{cases} \tag{2-47}$$

式中，c 为黏聚力；φ 为内摩擦角；ψ 为剪胀角。

改进后的屈服方向写为分量形式为

$$\begin{cases} f_1 = \dfrac{\partial F}{\partial \sigma_1} - \delta \dfrac{\partial Q}{\partial \sigma_1} = \dfrac{(1 - \sin\varphi)}{\sqrt{2(1 + \sin^2\varphi)}} + \delta \dfrac{(1 - \sin\psi)}{\sqrt{2(1 + \sin^2\psi)}} \\ f_2 = \dfrac{\partial F}{\partial \sigma_2} - \delta \dfrac{\partial Q}{\partial \sigma_2} = 0 \\ f_3 = \dfrac{\partial F}{\partial \sigma_3} - \delta \dfrac{\partial Q}{\partial \sigma_3} = -\dfrac{(1 + \sin\varphi)}{\sqrt{2(1 + \sin^2\varphi)}} - \delta \dfrac{(1 + \sin\psi)}{\sqrt{2(1 + \sin^2\psi)}} \end{cases} \tag{2-48}$$

塑性势函数对应力张量的导数写为分量形式为

$$\begin{cases} g_1 = \dfrac{\partial Q}{\partial \sigma_1} = \dfrac{(1 - \sin\psi)}{\sqrt{2(1 + \sin^2\psi)}} \\ g_2 = \dfrac{\partial Q}{\partial \sigma_2} = 0 \\ g_3 = \dfrac{\partial Q}{\partial \sigma_3} = -\dfrac{(1 + \sin\psi)}{\sqrt{2(1 + \sin^2\psi)}} \end{cases} \tag{2-49}$$

联立式(2－17)、式(2－48)和式(2－49)，得到如下方程：

$$\begin{cases} \boldsymbol{n} \cdot f \cdot g \cdot \boldsymbol{n} = (f_1 g_1 - f_3 g_3)\cos^2\theta + f_3 g_3 \\ \boldsymbol{n} \cdot f \cdot \boldsymbol{n} = (f_1 - f_3)\cos^2\theta + f_3 \\ \boldsymbol{n} \cdot g \cdot \boldsymbol{n} = (g_1 - g_3)\cos^2\theta + g_3 \\ tr(f) = f_1 + f_3 \\ tr(g) = g_1 + g_3 \\ f : g = f_1 g_1 + f_3 g_3 \end{cases} \tag{2-50}$$

将式(2-50)代入式(2-18)，得到应变局部化发生时的临界硬化模量为

$$\frac{h_{cr}}{2G}=\frac{(\sin\varphi-\sin\psi)^2-\left[4\cos^2\theta\cdot\left(1+\delta\sqrt{\frac{1+\sin^2\varphi}{1+\sin^2\psi}}\right)-1\right.}{8\left(1+\delta\sqrt{\frac{1+\sin^2\varphi}{1+\sin^2\psi}}\right)(1-\nu)\sqrt{1+\sin^2\varphi}\sqrt{1+\sin^2\psi}}+$$

$$\frac{\left.\sin\varphi-\left(1+2\delta\sqrt{\frac{1+\sin^2\varphi}{1+\sin^2\psi}}\right)(1-\sin\psi)\right]^2}{8\left(1+\delta\sqrt{\frac{1+\sin^2\varphi}{1+\sin^2\psi}}\right)(1-\nu)\sqrt{1+\sin^2\varphi}\sqrt{1+\sin^2\psi}} \qquad (2-51)$$

对应的剪切带角度为

$$\theta=\arccos\left(\sqrt{\frac{(1-\sin\varphi)+(1-\sin\psi)\left(1-2\delta\sqrt{\frac{1+\sin^2\varphi}{1+\sin^2\psi}}\right)}{4\left(1+\delta\sqrt{\frac{1+\sin^2\varphi}{1+\sin^2\psi}}\right)}}\right) \qquad (2-52)$$

当 $\delta=0$ 时，剪切带倾角为

$$\theta=\arccos\left(\sqrt{\frac{(1-\sin\varphi)+(1-\sin\psi)}{4}}\right) \qquad (2-53)$$

式(2-53)等同于改进前 Mohr-Coulomb 理论预测到的剪切带倾角表达式。

对 Alshibili[7] 的一系列砂土平面应变试验得到的剪切带倾角进行理论预测，结果如表 2-2 所示。通过误差分析表 2-3 可看出，Roscoe 理论和经典 Coulomb 理论预测结果和试验结果存在较大偏差。采用非关联流动

法则的 Mohr-Coulomb 模型的分叉理论预测结果有较大改进，并与 Arthur 通过总结试验而得的经验公式预测结果基本接近，但仍具有较大偏差，修改屈服方向后的 Mohr-Coulomb 模型的分叉预测结果能够明显减小这种偏差，更符合试验结果。

表 2-2 试验结果和预测值比较

角度/(°)	围压 15 kPa($\delta=0.8$)				围压 100 kPa($\delta=0.2$)			
	质地好的砂		质地中等的砂		质地好的砂		质地中等的砂	
φ	42.1	49.8	56.1	61.8	39.8	48.2	49.2	54
ψ	10.4	16.7	12.9	16.7	7.6	12.8	9.6	13
θ_e	52.5	57	52	55	55	57	53	53.5
θ_R	50.2	53.4	51.5	53.4	48.8	51.4	49.8	51.5
θ_C	66.1	69.9	73.1	75.9	64.9	69.1	69.6	72
θ_A	58.1	61.6	62.3	64.6	56.9	60.3	59.7	61.8
θ_s	53.5	60.8	60.9	62.9	56.3	59.5	58.7	60.6
θ	53.9	57	56	57.8	54.9	57.8	56.9	58.6

表 2-2 中，各参数意义为：

φ——最大内摩擦角；

ψ——膨胀角；

θ_e——试验观察得到的剪切带角度；

θ_R——Roscoe 理论预测的剪切带角度；

θ_C——Coulomb 理论预测的剪切带角度；

θ_A——Arthur 理论预测的剪切带角度；

θ_s——Mohr-Coulomb 模型预测的剪切带角度；

θ——改进的 Mohr-Coulomb 模型预测的剪切带角度。

表 2-3　误差分析

角度/(°)	围压 15 kPa($\delta=0.8$)				围压 100 kPa($\delta=0.2$)			
	质地好的砂		质地中等的砂		质地好的砂		质地中等的砂	
$\Delta\theta_R$	−2.3	−3.6	−0.5	−1.6	−6.2	−5.6	−3.2	−2
$\Delta\theta_C$	13.6	12.9	21.1	20.9	9.9	12.1	16.6	18.5
$\Delta\theta_A$	5.6	4.6	10.3	9.6	1.9	3.3	6.7	8.3
$\Delta\theta_s$	1	3.8	8.9	7.9	1.3	2.5	5.7	7.1
$\Delta\theta$	1.4	0	4	2.8	−0.1	0.8	3.9	5.1

2.5　剪切带厚度

由于常规本构模型中不含特征长度，因而自身无法反映出剪切带的厚度，需借助其他手段进行反映，如在有限元分析中依赖单元尺寸进行体现，然而这将导致解的网格依赖性。要反映剪切带厚度，需要在材料本构模型中引入一个长度参数，如微极理论、梯度理论和积分非局部理论等均引入了一个特征长度，使剪切带厚度得以合理反映。下面，我们将基于梯度塑性理论对剪切带厚度和特征长度的关系进行分析。

在平面应变条件下，平衡微分方程可写为

$$\begin{cases}\dfrac{\partial \dot{\sigma}_{11}}{\partial x_1}+\dfrac{\partial \dot{\tau}_{21}}{\partial x_2}=0\\[2ex]\dfrac{\partial \dot{\tau}_{12}}{\partial x_1}+\dfrac{\partial \dot{\sigma}_{22}}{\partial x_2}=0\end{cases}\tag{2-54}$$

由于在变形体内，初始应力场和硬化参数随空间的变化率很小，可以忽略，因而可将弹塑性模量张量 D_{ijkl}^{ep} 视为常数。在塑性加载条件满足时，

得到率型本构方程为

$$\begin{cases}\dot{\sigma}_{11}=D_{1111}^{\mathrm{ep}}\dot{\varepsilon}_{11}+D_{1122}^{\mathrm{ep}}\dot{\varepsilon}_{22}-l^2D_{1111}^{\mathrm{p}}\nabla^2\dot{\varepsilon}_{11}-l^2D_{1122}^{\mathrm{p}}\nabla^2\dot{\varepsilon}_{22}\\ \dot{\sigma}_{22}=D_{2211}^{\mathrm{ep}}\dot{\varepsilon}_{11}+D_{2222}^{\mathrm{ep}}\dot{\varepsilon}_{22}-l^2D_{2211}^{\mathrm{p}}\nabla^2\dot{\varepsilon}_{11}-l^2D_{2222}^{\mathrm{p}}\nabla^2\dot{\varepsilon}_{22}\\ \dot{\sigma}_{12}=2G\dot{\varepsilon}_{12}\end{cases} \tag{2-55}$$

应变率和速度场的关系为

$$\begin{cases}\dot{\varepsilon}_{11}=\dfrac{\partial v_1}{\partial x_1}\\ \dot{\varepsilon}_{22}=\dfrac{\partial v_1}{\partial x_2}\\ \dot{\varepsilon}_{12}=\dfrac{1}{2}\left(\dfrac{\partial v_1}{\partial x_2}+\dfrac{\partial v_2}{\partial x_1}\right)\end{cases} \tag{2-56}$$

将式(2-56)代入式(2-55)后，再代入式(2-54)，可得如下偏微分方程组：

$$\begin{cases}l^2D_{1111}^{\mathrm{p}}\nabla^2(v_{1,11})+l^2D_{1122}^{\mathrm{p}}\nabla^2(v_{2,21})-D_{1111}^{\mathrm{u}}v_{1,11}-\\ \quad Gv_{1,22}-(D_{1122}^{\mathrm{u}}+G)v_{2,12}=0\\ l^2D_{2211}^{\mathrm{p}}\nabla^2(v_{1,12})+l^2D_{2222}^{\mathrm{p}}\nabla^2(v_{2,22})-(D_{2211}^{\mathrm{u}}+G)v_{1,12}-\\ \quad Gv_{2,11}-D_{2222}^{\mathrm{u}}v_{2,22}=0\end{cases} \tag{2-57}$$

这是一个基于速度场的 4 阶偏微分方程组，它包括了一个 2 阶常规偏微分方程组和其扰动项。令剪切带与 x_1 轴的夹角为 θ，引入一个新坐标系 (x, y)，令主轴分别平行和垂直于剪切带面，如图 2-2 所示。此时，新坐标和原来坐标的转换关系为

$$\begin{cases}x=x_1n_2-x_2n_1\\ y=x_1n_1-x_2n_2\end{cases} \tag{2-58}$$

式中，$n_1=-\sin\theta$；$n_2=\cos\theta$ 是剪切带的法向单位张量。

假设带内所有场变量都与 x 坐标无关,并令 $(\cdot)' = \mathrm{d}/\mathrm{d}\,y$，则式(2－57)变为

$$\begin{cases} l^2 D_{1111} n_1^2 v_1^{(4)} + l^2 D_{1122} n_1 n_2 v_2^{(4)} - A_{11} v_1'' - A_{12} v_2'' = 0 \\ l^2 D_{2211} n_1 n_2 v_1^{(4)} + l^2 D_{2222} n_2^2 v_2^{(4)} - A_{21} v_1'' - A_{22} v_2'' = 0 \end{cases} \tag{2-59}$$

式中，

$$A_{jk} = n_i D_{ijkl}^{\mathrm{ep}} n_l \tag{2-60}$$

式(2－60)即为应变局部化判别式(2－15)。

式(2－59)具有如下形式周期解：

$$v_i = -\zeta_i \sin(Ny),\ i = 1,\ 2 \tag{2-61}$$

代入剪切带的边界条件,即

$$\begin{cases} v_i = -\zeta_i; \quad y = d_B/2 \\ v_i = \zeta_i; \quad y = -d_B/2 \end{cases} \tag{2-62}$$

式中，d_B 为剪切带厚度,因而得到

$$N = \frac{\pi}{d_B} \tag{2-63}$$

式(2－63)表明波数 N 与剪切带厚度是成反比的。

将式(2－63)代回式(2－61),再代入式(2－59),得到如下方程组：

$$\begin{bmatrix} b_{11} & b_{12} \\ b_{21} & b_{22} \end{bmatrix} \begin{Bmatrix} \zeta_1 \\ \zeta_2 \end{Bmatrix} = \begin{Bmatrix} 0 \\ 0 \end{Bmatrix} \tag{2-64}$$

式中，

$$[b_{ij}]=\begin{bmatrix} l^2 D^{\mathrm{p}}_{1111} n_1^2 N^4 + A_{11} N^2 & l^2 D^{\mathrm{p}}_{1122} n_1 n_2 N^4 + A_{12} N^2 \\ l^2 D^{\mathrm{p}}_{2211} n_1 n_2 N^4 + A_{21} N^2 & l^2 D^{\mathrm{p}}_{2222} n_2^2 N^4 + A_{22} N^2 \end{bmatrix} \tag{2-65}$$

要使式(2-64)中 ζ_i 有非零解，需满足

$$a_0(n_1,\ n_2)(Nl)^2 + a_1(n_1,\ n_2) = 0 \tag{2-66}$$

式中，

$$\begin{cases} a_0 = D^{\mathrm{p}}_{1111} A_{22} n_1^2 - (D^{\mathrm{p}}_{2211} A_{12} + D^{\mathrm{p}}_{1122} A_{21}) n_1 n_2 + D^{\mathrm{p}}_{2222} A_{11} n_2^2 \\ a_1 = \det(A_{ik}) \end{cases} \tag{2-67}$$

根据分叉理论，$a_1(n_1,\ n_2)$ 在应变局部化发生后，符号将发生改变，即

$$a_1(n_1,\ n_2) = \begin{cases} \geqslant 0 & \kappa \leqslant \kappa_B \\ < 0 & \kappa > \kappa_B \end{cases} \tag{2-68}$$

式中，κ 为内变量，通常取为广义塑性剪应变 $\varepsilon_{\mathrm{ep}}$。对于四阶偏微分方程式(2-59)，其形态由 $a_0(n_1,\ n_2)$ 决定，为保持边值问题的椭圆性，需使得

$$a_0(n_1,\ n_2) > 0 \tag{2-69}$$

当剪切带发生后，只要式(2-69)能够得到满足，则式(2-59)表示的控制方程始终保持为椭圆形。当 $l=0$ 时，梯度塑性模型退化为常规塑性模型，式(2-59)中的四阶项消失，变为二阶偏微分方程，分叉后 $a_1(n_1,\ n_2)<0$ 将得使该方程发生变形，即从椭圆形变为双曲形。

由式(2-66)，可得

$$Nl = \sqrt{-\frac{a_1(n_1,\ n_2)}{a_0(n_1,\ n_2)}} \tag{2-70}$$

联立式(2-63)和式(2-70)，得

$$d_B = \pi l \sqrt{-\frac{a_0(n_1, n_2)}{a_1(n_1, n_2)}} \tag{2-71}$$

在分叉前，式(2-71)没有实数解，表明应变局部化不会发生。在分叉点时，剪切带厚度趋于无限大，分叉后，该值迅速减小到有限值。式(2-71)即为剪切带的厚度，其表达式可用于反分析确定材料特征长度 l。

以上用到的梯度塑性理论是通过在应力-应变关系中引入应变二阶梯度项，提高偏微分方程阶数来保持边值问题适定性的，但要对其求解，却需引入如内部边界等附加边界条件才能保持解的唯一性。然而，如何确定内部边界目前尚缺乏合理的物理解释，且在数值实现时也存在较大困难。为简化起见，目前大多数梯度塑性模型仅将屈服函数中内变量引入高阶梯度，而将应力-应变关系中的所有量均视为局部量来建立本构方程，这将使所建立的模型得到大大简化，更易于数值实现。

根据梯度项引入方式的不同，梯度模型又可分为两种，一是在内变量上直接添加其二阶梯度项，得到模型称为显式梯度模型，然而该理论只能考虑物质点紧邻区域的非局部影响，从数学的观点来看，该模型仍属于局部模型。二是通过引入隐式方程来引入梯度，由于该模型的非局部量需要求解一个 Helmholtz 方程才能得到，因而被称为隐式梯度理论。隐式梯度理论相对显式梯度理论扩大了非局部影响范围，算得上是真正意义的非局部模型，但该模型使塑性乘子的计算需解一个微分方程，因而在数值实现上目前还存在一定困难。实际上，在得到了隐式梯度理论中的 Helmholtz 方程的表达式后，可对该方程进行求解，得到的解为一个以 Green 函数作为平均函数的积分非局部量，这即说明该理论与积分型非局部理论等效[189]。在采用积分非局部理论进行数值计算时，无需引入附加边界条件，只需在积分率性本构方程时附加计算非局部变量以更新屈服函数中的非局部内变量即可，而不需大量修改有限元程序。将隐式梯度理论转化为非局部理论求解，实际上也为隐式梯度理论的数值实现提供了一个简便的途径。

2.6 本章小结

首先，从材料稳定性条件出发，回顾了应变局部化的数学描述和判别准则。然后，采用一般形式的本构模型，基于分叉理论探讨了压实带、膨胀带和常见的剪切带这三种变形带出现的条件，详细分析了轴对称状态下临界硬化模量和变形带倾角随屈服函数与塑性势函数状态参数的变化特性。分析表明，在轴对称条件下，变形带主要发生于软化阶段中。无论是采用关联还是非关联流动法则，膨胀带和压实带都只可能发生在塑性软化阶段，剪切带则可能发生于服从非关联流动法则材料的硬化阶段。分叉分析得出的结论与试验结果相符，并指出现有的应变局部化分析不能描述压实带和膨胀带是由于本构模型限制所造成的。根据理论分析的结果，具体采用了一个类似修正剑桥模型的高孔隙岩石本构模型，研究了高孔隙岩石变形带角度随围压的变化规律，通过与试验结果的对比，验证了理论分析的合理性。最后，通过梯度塑性理论研究了剪切带厚度与特征长度的关系，为特征长度的反分析提供了理论依据。

第3章 三维弹塑性本构模型及数值积分

3.1 概　　述

现有的岩土体本构模型大多是属于(p, q)形式的二维模型，然而这并不能满足工程实际而需进行三维化。三维化的关键在于偏平面(π 面)上屈服面形状的合理描述，主要有三类方法，第一类，保持原模型不变，引入应力 Lode 角，在 π 面建立角隅函数 $g(\theta_\sigma)$的方法；第二类，在 π 面上用呈曲边三角形的应力比代替常规应力比 p/q 的方法，如 Lade 模型[210]采用 I_1^3/I_3 应力比，Matsuoka 和 Nakai[211]采用 I_1I_2/I_3 代替常规应力比；第三类，变换应力法[212-213]。第一类方法简单实用，易于广泛接受，是目前采用较多的三维化方法。

本章通过在偏平面上引入一个角隅函数 $g(\theta_\sigma)$，建立了三维 Mohr-Coulomb 强度准则，并结合真三轴试验进行修正，使之更能合理描述土体的三维强度。在修正强度准则基础上，建立了一个简单实用的三维 Mohr-Coulomb 模型，对一系列中主应力比条件下松砂的真三轴试验结果进行了模拟。

3.2 热力学基础

热力学两大定律是普遍适用的基本物理规律，任何本构模型的建立都不能违背这两个定律，它们同时也为本构方程的数学推导提供了一个统一的理论框架。热力学第一定律表述的是系统能量转换和守恒，即系统内能的变化等于外力对系统做的功加上外界对系统的供热，具体表示为

$$\mathrm{d}T+\mathrm{d}U=\delta W+\delta Q \tag{3-1}$$

式中，T 为动能；U 为系统内能；W 为系统做的功；Q 为外界供热。由于绝热系统 $Q=0$，静力分析时 $T=0$，因而热力学第一定律又可表述为在物体等温变形过程中，系统增量功等于自由能增量与耗散能增量之和，用率形式表示为

$$\dot{W}=\dot{\psi}+\dot{\varphi} \tag{3-2}$$

式中，$\dot{\boldsymbol{W}}=\boldsymbol{\sigma}:\dot{\boldsymbol{\varepsilon}}$ 为单位体积内应力做的增量功；ψ 为自由能函数，依赖于状态变量（应变和内变量），自由能增量代表可恢复的变形；φ 为耗散能函数，一般依赖于状态变量和它们的率，耗散能增量代表不可恢复的变形。热力学第二定律表明，若存在塑性变形时，耗散能增量函数应严格大于零。

$$\dot{\varphi}\geqslant 0 \tag{3-3}$$

当状态变量和耗散力均通过耗散势得到时，若将耗散能函数表示为状态变量和其共轭量的内积，则热力学第二定律始终成立，耗散能函数写为

$$\dot{\varphi}=\boldsymbol{\sigma}^{\mathrm{p}}\dot{\boldsymbol{\varepsilon}}^{\mathrm{p}}+q\dot{\kappa} \tag{3-4}$$

式中，$\boldsymbol{\sigma}^{\mathrm{p}}$ 和 q 为与它们相应的状态变量共轭的热动力学耗散力。

自由能函数一般依赖于弹性应变和塑性应变。在率无关各向同性弹

塑性材料中，自由能可采用如下形式：

$$\psi(\boldsymbol{\varepsilon},\ \boldsymbol{\varepsilon}^{\mathrm{p}},\ \kappa)=\psi_e(\boldsymbol{\varepsilon}-\boldsymbol{\varepsilon}^{\mathrm{p}})+\psi_{\mathrm{p}}(\kappa) \tag{3-5}$$

式中，ψ_{e} 为弹性自由能；ψ_{p} 为塑性自由能。

根据热力学第一定律，增量功等于自由能增量和耗散能增量之和，即

$$\boldsymbol{\sigma}\dot{\boldsymbol{\varepsilon}}=\rho\dot{\psi}+\dot{\varphi} \tag{3-6}$$

将式(3-4)和式(3-5)的率形式代入式(3-6)，得到

$$\boldsymbol{\sigma}\dot{\boldsymbol{\varepsilon}}=\rho\frac{\partial\psi_{\mathrm{e}}}{\partial\boldsymbol{\varepsilon}}\dot{\boldsymbol{\varepsilon}}-\rho\frac{\partial\psi_{\mathrm{e}}}{\partial\boldsymbol{\varepsilon}^{\mathrm{p}}}\dot{\boldsymbol{\varepsilon}}^{\mathrm{p}}+\rho\frac{\partial\psi_{\mathrm{p}}}{\partial\kappa}\dot{\kappa}+\boldsymbol{\sigma}^{\mathrm{p}}\dot{\boldsymbol{\varepsilon}}^{\mathrm{p}}+q\dot{\kappa} \tag{3-7}$$

由于率无关塑性模型各状态变量间并非完全独立，因而要求在任意应变率 $\dot{\boldsymbol{\varepsilon}}$ 、塑性应变率 $\dot{\boldsymbol{\varepsilon}}^{\mathrm{p}}$ 和内变量的率 $\dot{\kappa}$ 的组合下，式(3-7)都要得到满足。若将 $\dot{\boldsymbol{\varepsilon}}$、$\dot{\boldsymbol{\varepsilon}}^{\mathrm{p}}$ 和 $\dot{\kappa}$ 视为独立变量，由式(3-7)可得

$$\begin{cases}\boldsymbol{\sigma}=\rho\dfrac{\partial\psi_{\mathrm{e}}}{\partial\boldsymbol{\varepsilon}}\\[2ex]\boldsymbol{\sigma}_{\mathrm{p}}-\rho\dfrac{\partial\psi_{\mathrm{e}}}{\partial\boldsymbol{\varepsilon}_{\mathrm{p}}}=0\\[2ex]\rho\dfrac{\partial\psi_{\mathrm{p}}}{\partial\kappa}+q=0\end{cases} \tag{3-8}$$

自由能可表示为

$$\rho\psi(\boldsymbol{\varepsilon},\ \boldsymbol{\varepsilon}^{\mathrm{p}},\ \kappa)=\rho(\psi^{\mathrm{e}}+\psi^{\mathrm{p}})=\frac{1}{2}\boldsymbol{D}^{\mathrm{e}}(\boldsymbol{\varepsilon}-\boldsymbol{\varepsilon}^{\mathrm{p}})^2+\frac{1}{2}H\kappa^2 \tag{3-9}$$

由式(3-8)和式(3-9)得

$$\begin{cases}\boldsymbol{\sigma}=\boldsymbol{D}^{\mathrm{e}}(\boldsymbol{\varepsilon}-\boldsymbol{\varepsilon}^{\mathrm{p}})\\ \boldsymbol{\sigma}_{\mathrm{p}}=\boldsymbol{D}^{\mathrm{e}}(\boldsymbol{\varepsilon}-\boldsymbol{\varepsilon}^{\mathrm{p}})\\ q=H\kappa\end{cases} \tag{3-10}$$

式中，第一个方程为弹性应力应变关系；第三个方程为硬化准则；第一、第二个方程表明耗散力 $\boldsymbol{\sigma}^{\mathrm{p}}$ 和真实应力 $\boldsymbol{\sigma}$ 相同，因而屈服函数和塑性势函数均可用真实应力表示，即可写为 $F(\boldsymbol{\sigma}, q)$ 和 $Q(\boldsymbol{\sigma}, q)$。一般地，通过热力学定律导出的率无关塑性本构模型如表 3-1 所示。

表 3-1　率无关塑性本构模型

弹性应力应变关系 $\sigma_{ij} = D_{ijkl}^{\mathrm{ep}}(\varepsilon_{kl} - \varepsilon_{kl}^{\mathrm{p}})$
屈服函数 $F(\sigma_{ij}, \varepsilon_{\mathrm{eq}}^{\mathrm{p}}) = f(\sigma) - \kappa(\varepsilon_{\mathrm{eq}}^{\mathrm{p}}) \leqslant 0$
流动准则和硬化法则 $\dot{\varepsilon}_{ij}^{\mathrm{p}} = \dot{\lambda}\dfrac{\partial Q}{\partial \sigma_{ij}} \quad \begin{cases} Q = F & \text{关联流动} \\ Q \neq F & \text{非关联流动} \end{cases}$ $\dot{\varepsilon}_{\mathrm{eq}}^{\mathrm{p}} = \dot{\lambda}$
加卸载条件 $\begin{cases} \dot{\lambda} \geqslant 0 \\ F(\sigma_{ij}, \varepsilon_{\mathrm{eq}}^{\mathrm{p}}) \leqslant 0 \\ \dot{\lambda} F(\sigma_{ij}, \varepsilon_{\mathrm{eq}}^{\mathrm{p}}) = 0 \end{cases}$
一致性条件 $\dot{\lambda}\dot{F}(\sigma_{ij}, \varepsilon_{\mathrm{eq}}^{\mathrm{p}}) = 0$ (若 $F(\sigma_{ij}, \varepsilon_{\mathrm{eq}}^{\mathrm{p}}) = 0$)

3.3　三维弹塑性本构模型

在热力学框架下建立的 Mohr-Coulomb 模型在岩土工程领域得到了广泛应用，然而，大多数情况下，它只在轴对称状态得到了验证，且采用的模型参数也只采用了常规三轴试验的结果，其强度参数由于没有考虑到中主应力的影响而保持为一个定值。要使得该模型能描述土体在一般应力状态下的力学特性，须通过真三轴试验或一般应力状态试验进行验证。砂土真三轴试验[214-215]得出的普遍结论是土体强度参数并非定值，它是随中主应力变化而变化的，三轴拉伸得到的强度参数高于三轴压缩，三轴压缩得到的强度参数是下限值。由此可见，要想正确模拟真三轴试验结果，须考虑强度参数的变化特性。

3.3.1　三维强度准则

一般地，三维应力状态下土体强度准则表示为

$$F = F(p,\ q,\ \theta_\sigma,\ \varphi_f) = 0 \tag{3-11}$$

其中，有效平均应力 $p = I_1/3$，$I_1 = \sigma_{kk}$；广义剪应力 $q = \sqrt{3J_2}$，$J_2 = s_{ij}s_{ij}/2$，$s_{ij} = \sigma_{ij} - \delta_{ij}p$；应力 Lode 角 $\theta_\sigma = \dfrac{1}{3}\sin^{-1}\left(\dfrac{3\sqrt{3}}{2}\dfrac{J_3}{J_2^3}\right)$，$J_3 = \sqrt{s_{ij}s_{jk}s_{ki}/3}$；$\varphi_f$ 为峰值内摩擦角。Lode 角与中主应力比 $b[b = (\sigma_2 - \sigma_3)/(\sigma_1 - \sigma_3)]$ 的转换关系为

$$b = \frac{1 - \sqrt{3}\tan\theta_\sigma}{2} \qquad -\frac{\pi}{6} \leqslant \theta_\sigma \leqslant \frac{\pi}{6} \tag{3-12}$$

考虑到第三应力不变量对强度的影响，引入角隅函数后，三维 Mohr-Coulomb 强度准则可表示为

$$F(p,\ q,\ \theta_\sigma) = q - M_f \cdot g(\theta_\sigma) \cdot p = 0 \tag{3-13}$$

其中，

$$M_f = \frac{6\sin\varphi_C}{3 - \sin\varphi_C} \tag{3-14}$$

式中，φ_C 为常规三轴压缩试验得到的峰值内摩擦角。

由强度准则式(3-13)得到的破坏面形状如图 3-1 所示。

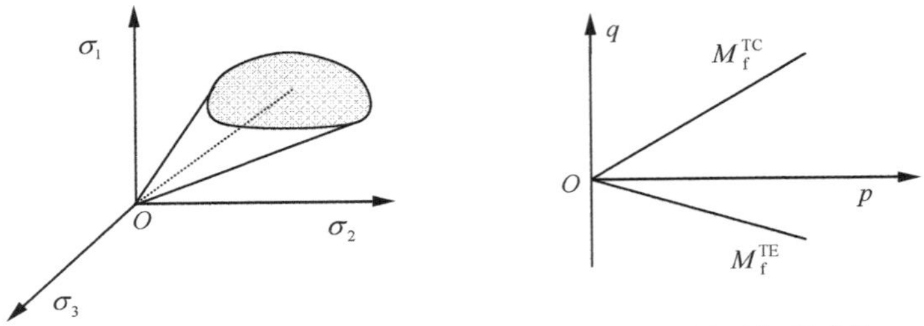

(a) 空间破坏面形状　　(b) p-q 面上破坏面形状

图 3-1　破坏面形状

$g(\theta_\sigma)$ 为破坏面在偏平面上的角隅函数，它需满足边界条件、连续性和外凸性条件[216]，如下

$$\begin{cases} g\left(-\dfrac{\pi}{6}\right)=\beta,\ g\left(\dfrac{\pi}{6}\right)=1 \\ g_{\theta_\sigma}\left(\pm\dfrac{\pi}{6}\right)=0 \\ \dfrac{d^2 g}{d\theta_\sigma^2}<g+\dfrac{2}{g}g_{\theta_\sigma}^2 \end{cases} \tag{3-15}$$

$g(\theta_\sigma)$ 实际上起到了通过三轴压缩（中主应力比 $b=0$）和三轴拉伸($b=1$)强度值插值计算当 b 在(0, 1)间强度的作用。在 Mohr-Coulomb 强度准则中，一般认为

$$\beta=N_{CE}=\frac{3-\sin\varphi_C}{3+\sin\varphi_C} \tag{3-16}$$

在标准 Mohr-Coulomb 强度准则，采用的角隅函数为

$$g(\theta_\sigma)=\frac{\sqrt{3}\beta}{(1+\beta)\cos\theta_\sigma+\sqrt{3}(\beta-1)\sin\theta_\sigma} \tag{3-17}$$

由于采用的是线性插值，式(3－17)表示的角隅函数在 π 面上是一个正六边形，存在尖点，如图 3－2 所示。为避免尖点给数值计算带来的困难，可通过高阶插值进行光滑处理，这里采用椭圆插值[216-217]的角隅函数，为

$$g(\theta_\sigma)=\frac{2(1-\beta^2)\cos\left(\frac{\pi}{6}+\theta_\sigma\right)+(2\beta-1)\cdot\sqrt{4(1-\beta^2)\cos^2\left(\frac{\pi}{6}+\theta_\sigma\right)+\beta(5\beta-4)}}{4(1-\beta^2)\cos^2\left(\frac{\pi}{6}+\theta_\sigma\right)+(2\beta-1)^2} \tag{3-18}$$

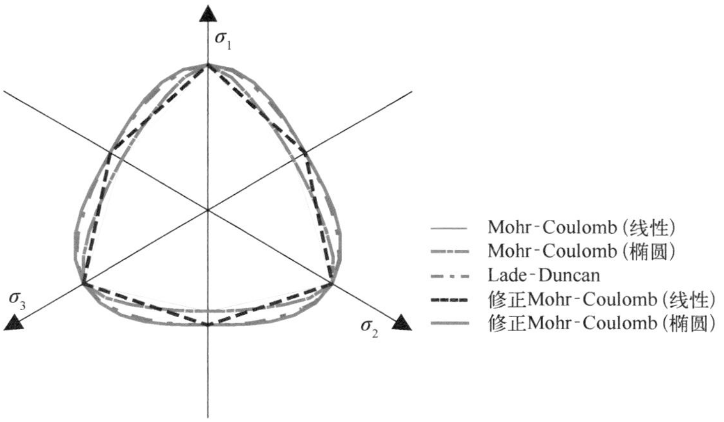

图 3－2　偏平面上破坏面形状

经检验，$g(\theta_\sigma)$ 满足条件式(3－15)。式(3－18)在砂土真三轴试验模拟中的适用性已得到了本文作者[73]的验证。

对于三维应力状态下土体强度的描述，Lade-Duncan 准则[215]是一个公认为较为合理的强度准则，该准则表示为

$$I_1^3-\eta_1 I_3=0 \tag{3-19}$$

式中，η_1 为材料参数，它与 φ_C 及 β 的关系为

$$\eta_1 = \frac{(3-\sin\varphi_C)^3}{(1-\sin\varphi_C)\cos^2\varphi_C} = \frac{1}{\dfrac{1}{27} - \dfrac{\beta^2(1+\beta)(1-\beta^2)^2}{4(1+\beta^3)^3}} \tag{3-20}$$

将 Lade-Duncan 准则转化为式(3－13)的形式,得到的角隅函数为

$$g(\theta_\sigma) = \frac{\sqrt{3}\beta}{2\cos\theta_\sigma\sqrt{\beta^2-\beta+1}} \tag{3-21}$$

式中,

$$\theta_\sigma = \begin{cases} \dfrac{1}{6}\cos^{-1}\left(-1+\dfrac{27\beta^2(1-\beta)^2}{2(\beta^2-\beta+1)^3}\sin^2 3\theta_\sigma\right) & \theta_\sigma \leqslant 0 \\ \dfrac{\pi}{3}-\dfrac{1}{6}\cos^{-1}\left(-1+\dfrac{27\beta^2(1-\beta)^2}{2(\beta^2-\beta+1)^3}\sin^2 3\theta_\sigma\right) & \theta_\sigma > 0 \end{cases} \tag{3-22}$$

将式(3－17)代入式(3－13)得到的强度准则,将式(3－18)代入式(3－13)得到的强度准则及式(3－20)表示的强度准则在π面的形状如图3－2所示。从图中可看出,采用线性插值角隅函数的三维 Mohr-Coulomb 准则预测的土体强度代表了实际强度的下限,采用椭圆插值角隅函数的三维 Mohr-Coulomb 准则在$0<b<1$间预测到了更高的强度,而 Lade-Duncan 准则预测到的强度最高,特别是在$b=1$状态。

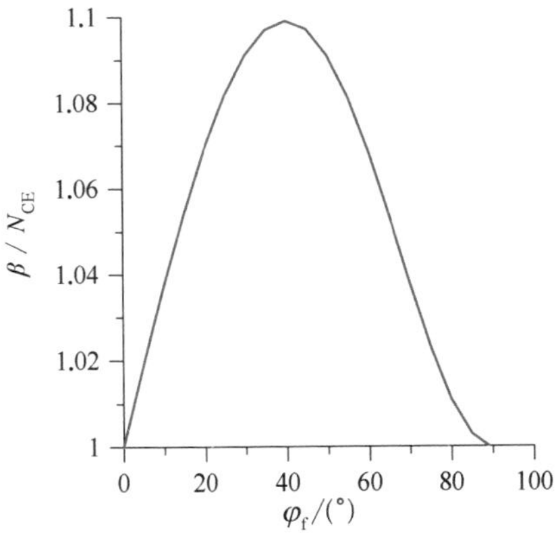

图 3－3　Lade-Duncan 准则预测的三轴拉伸强度

由式(3－20)得到的β值如图 3－3 所示,从图中可以看出,β与N_{CE}并不相等,而是前者大于后者,说明在三轴拉伸 ($b=1$) 状态,Lade-Duncan 准则预测的土体强度要高于 Mohr-Coulomb 准则。同时,Lade-Duncan 准则在三轴

拉伸状态预测的强度还受三轴压缩状态峰值内摩擦角 φ_C 的影响，具体为 β 随 φ_C 的增大而增大，当 φ_C 接近 40°时，β 达到最大值，其后，β 随着 φ_C 的增大而减小。

由以上分析可知，相比 Lade-Duncan 准则，Mohr-Coulomb 准则在 $0 < b \leqslant 1$ 范围预测的强度都偏低，为提高在该范围的预测强度，可通过引入一个参数 δ 进行修正，即将式(3-16)改写为

$$\beta = \delta N_{CE} \tag{3-23}$$

式中，δ 可通过式(3-24)得到，即

$$\delta = \frac{(3 - \sin\varphi_C)\sin\varphi_E}{(3 + \sin\varphi_E)\sin\varphi_C} \tag{3-24}$$

式中，φ_E 为通过三轴拉伸 $(b = 1.0)$ 试验得到的峰值摩擦角。这里，β 也可通过在平均应力相同的条件下，三轴拉伸和三轴压缩状态试验得到的峰值剪应力之比 $(q^f)_{\theta_\sigma = -\pi/6} / (q^f)_{\theta_\sigma = \pi/6}$ 直接得到。

采用椭圆插值角隅函数并通过修正后的 Mohr-Coulomb 强度准则在偏平面上的曲线如图 3-4 所示。从图中可看出，三轴压缩状态 $(b = 0)$ 的

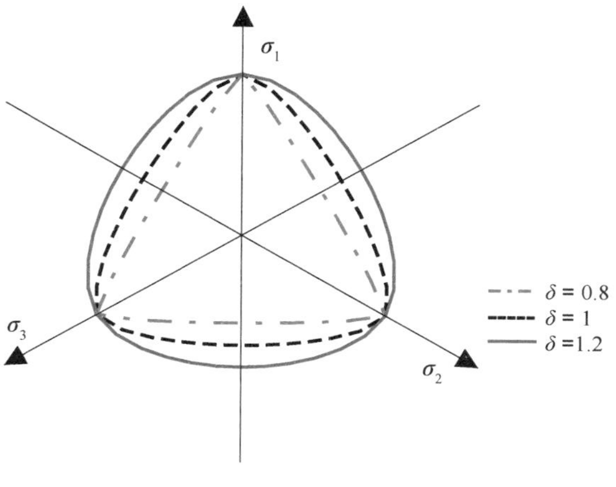

图 3-4　修正后的角隅函数

强度不受δ影响，保持不变，而在$0<b\leqslant 1$范围则受δ影响较大。预测的强度随δ的变化规律是当$\delta=1$时，等效为修正前的强度准则；当$\delta<1$时，在$0<b\leqslant 1$范围内预测的强度减小；当$\delta>1$时，预测的强度增大。同时，在采用椭圆插值函数时，要保持角隅函数的外凸性，需使$\beta>0.5$。

通过取适当的δ值对 Mohr-Coulomb 强度准则修正后，得到π面上的破坏面如图 3-2 所示。通过对比可看出，采用线性插值角隅函数的 Mohr-Coulomb 强度准则在修正后，虽在$b=1$状态预测到了更高的强度，但在$0<b<1$间仍过于保守，而采用椭圆插值的角隅函数的 Mohr-Coulomb 强度准则在修正后，在$0<b\leqslant 1$范围内预测到了更高的强度，且与 Lade-Duncan 准则相同。

采用线性插值角隅函数的 Mohr-Coulomb 准则，在$0<b\leqslant 1$状态下低估了土体强度，只在三轴压缩条件下与试验结果相符，其根本原因在于，该准则是建立在峰值摩擦角与中主应力比无关的假定上，而这与真三轴试验结果并不相符[218]。该假定也是导致 Mohr-Coulomb 准则预测的强度过于保守的根本原因。

接下来，具体分析三种强度准则预测的土体峰值摩擦角与中主应力比的关系，令真三维状态下土体峰值摩擦角正弦值为

$$\sin\varphi_{\mathrm{b}}=\frac{\sigma_1-\sigma_3}{\sigma_1+\sigma_3} \tag{3-25}$$

联立式(3-12)、式(3-13)和式(3-25)，得

$$\sin\varphi_{\mathrm{b}}=\frac{\sigma_1-\sigma_3}{\sigma_1+\sigma_3}=\frac{M_{\mathrm{f}}g(\theta_\sigma)}{\dfrac{\sqrt{3}}{\cos\theta_\sigma}+\dfrac{M_{\mathrm{f}}}{\sqrt{3}}g(\theta_\sigma)\tan\theta_\sigma} \tag{3-26}$$

由式(3-16)可看出，峰值内摩擦角φ_{b}实际上是与 Lode 角相关的。将式(3-17)、式(3-18)、式(3-22)代入式(3-26)后，即可得到峰值内摩擦

角随中主应力比间的变化规律。以 $\varphi_C = 30°$ 为例，预测结果如图 3-5 所示，由图可看出，采用线性插值角隅函数的 Mohr-Coulomb 准则预测到的 φ_b 在任何 b 值状态都保持为定值。采用椭圆插值角隅函数时，预测的 φ_b 在 $b=0$ 和 $b=1$ 时，状态最小；在 $0<b<1$ 间较高；在 $0<b<0.27$ 时，φ_b 随着 b 的增大而增大；当 $b=0.27$ 时，达到最大值；在 $0.27<b<1$ 时，φ_b 随着 b 的增大而减小。Lade-Duncan 准则预测的 φ_b 在 $b=0$ 状态最小，随着 b 的增大而增大，当 b 接近约 0.5 时，达到最大值，其后随着 b 的继续增大 φ_b 将减小。

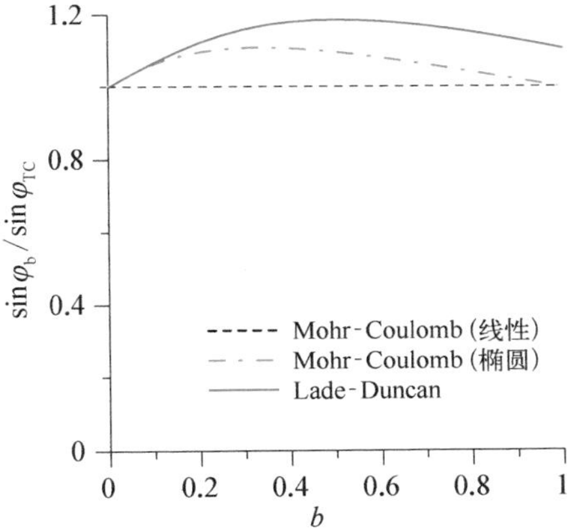

图 3-5　峰值摩擦角与中主应力比 b 的关系（$\varphi_{TC}^{f}=30°$）

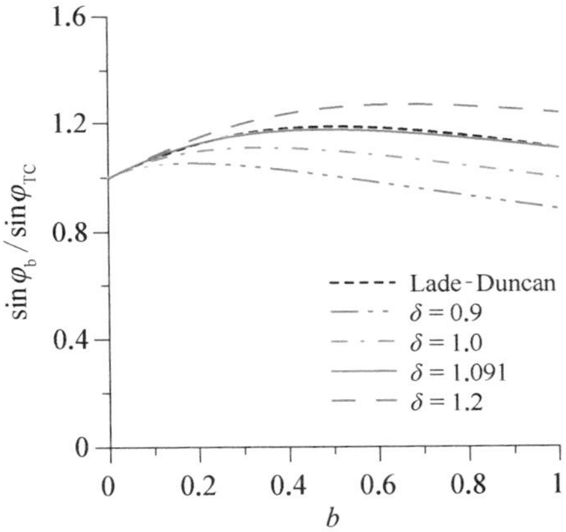

图 3-6　修正后的峰值摩擦角与中主应力比 b 的关系（$\varphi_{TC}^{f}=30°$）

通过式(3-23)修正后的峰值内摩擦角 φ_b 如图 3-6 所示，从图中可看出，当 δ 取一个合适值时，修正 Mohr-Coulomb 准则预测的强度与 Lade-Duncan 准则基本相同。由于一个新参数 δ 的引入，改进后的 Mohr-Coulomb 准则比 Lade-Duncan 准则具有更大的灵活性，更适合于三维土体强度的描述。

3.3.2　修正三维 Mohr-Coulomb 模型

将屈服函数取为与破坏函数相同形式后，得到三维 Mohr-Coulomb 模

型的屈服函数和塑性势函数分别为

$$\begin{cases}F=q-M(\kappa)\cdot g(\theta_\sigma)\cdot p=0\\Q=q-M_\mathrm{c}\cdot g(\theta_\sigma)\cdot p\ln\left(\dfrac{p}{p_0}\right)=0\end{cases}\tag{3-27}$$

式中，κ 为硬化参数；p_0 代表大气压力；$g(\theta_\sigma)$ 采用式(3-18)的形式。

增量型应力应变关系表示为

$$\dot{\sigma}_{ij}=D_{ijkl}^{\mathrm{ep}}\,\dot{\varepsilon}_{kl}\tag{3-28}$$

式中，D_{ijkl}^{ep} 为弹塑性模量张量，表示为

$$D_{ijkl}^{\mathrm{ep}}=D_{ijkl}^{\mathrm{e}}-D_{ijkl}^{\mathrm{p}}=D_{ijkl}^{\mathrm{e}}-\frac{D_{ijmn}^{\mathrm{e}}\dfrac{\partial Q}{\partial\sigma_{mn}}\left(\dfrac{\partial F}{\partial\sigma_{\mathrm{pq}}}\right)^{\mathrm{T}}D_{pqkl}^{\mathrm{e}}}{\left(\dfrac{\partial F}{\partial\sigma_{\mathrm{uv}}}\right)^{\mathrm{T}}D_{uvst}^{\mathrm{e}}\dfrac{\partial Q}{\partial\sigma_{\mathrm{st}}}+H_\mathrm{p}}\tag{3-29}$$

式中，D_{ijkl}^{e} 为弹性模量张量；D_{ijkl}^{p} 为塑性模量张量。

$$D_{ijkl}^{\mathrm{e}}=\left(K-\frac{2}{3}G\right)\delta_{ij}\delta_{kl}+G(\delta_{ik}\delta_{jl}+\delta_{il}\delta_{jk})\tag{3-30}$$

式中，K,G 分别为弹性体积模量和剪切模量；H_p 为塑性硬化模量。

$$H_\mathrm{p}=-\frac{\partial F}{\partial\kappa}\frac{\partial\kappa}{\partial\lambda}\sqrt{\frac{2}{3}\mathrm{dev}\left(\frac{\partial Q}{\partial\boldsymbol{\sigma}}\right)\mathrm{dev}\left(\frac{\partial Q}{\partial\boldsymbol{\sigma}}\right)}\tag{3-31}$$

式中，λ 为塑性乘子；一般地，取广义塑性剪应变 $\varepsilon_{\mathrm{ep}}=\sqrt{2e_{ij}^{\mathrm{ep}}e_{ij}^{\mathrm{ep}}/3}$（偏应变 $e_{ij}^{\mathrm{p}}=\varepsilon_{ij}^{\mathrm{p}}-\delta_{ij}\varepsilon_{kk}^{\mathrm{p}}/3$）为硬化参数，即 $\kappa=\varepsilon_{\mathrm{ep}}$。采用 Pietruszczazk 和 Stolle[219] 提出的全量双曲线形式的硬化准则，即

$$M=\frac{\varepsilon_{\mathrm{ep}}}{A+\varepsilon_{\mathrm{ep}}}M_\mathrm{f}\tag{3-32}$$

式中，峰值应力比 $M_f = 6\sin\varphi_C/(3-\sin\varphi_C)$，$\varphi_C$ 由 $b = 0.0$ 常规三轴压缩试验得到；A 为材料常数，由式(3-27)、式(3-32)，得

$$\frac{\partial F}{\partial \varepsilon_{ep}} = \frac{\partial F}{\partial M}\frac{\partial M}{\partial \varepsilon_{ep}} = -g(\theta_\sigma)pM_f\frac{A}{(A+\varepsilon_{ep})^2} \tag{3-33}$$

由式(3-27)，得

$$\begin{cases} \dfrac{\partial F}{\partial p} = -Mg(\theta_\sigma) \\ \dfrac{\partial F}{\partial q} = 1 \\ \dfrac{\partial F}{\partial \theta_\sigma} = -Mp\dfrac{\partial g(\theta_\sigma)}{\partial \theta_\sigma} \end{cases} \tag{3-34}$$

$$\begin{cases} \dfrac{\partial p}{\partial \sigma_{ij}} = \dfrac{\delta_{ij}}{3} \\ \dfrac{\partial q}{\partial \sigma_{ij}} = \dfrac{3s_{ij}}{2q} \\ \dfrac{\partial \theta_\sigma}{\partial \sigma_{ij}} = \dfrac{\sqrt{6}s_{ij}}{2q\cos 3\theta_\sigma}\left(-\dfrac{\sqrt{3}}{3}\delta_{ij} - \dfrac{\sqrt{3}s_{ij}}{2q}\sin 3\theta_\sigma + 3\sqrt{3}\dfrac{s_{ik}s_{kj}}{2q^2}\right) \end{cases} \tag{3-35}$$

由式(3-27)和式(3-34)，得

$$\frac{\partial F}{\partial \sigma_{ij}} = -\frac{\delta_{ij}}{3}\eta g(\theta_\sigma) + \frac{3s_{ij}}{2q} + \left(-\frac{\sqrt{3}}{3}\delta_{ij} - \frac{\sqrt{3}s_{ij}}{2q}\sin 3\theta_\sigma - 3\sqrt{3}\frac{s_{ik}s_{kj}}{2q^2}\right)\cdot \frac{\sqrt{6}s_{ij}\eta p}{2q\cos 3\theta_\sigma}\frac{\partial g(\theta_\sigma)}{\partial \theta_\sigma} \tag{3-36}$$

式中，

$$\frac{\partial g}{\partial \theta_\sigma}=\frac{2(1-\beta^2)\sin\left(\frac{\pi}{6}-\theta_\sigma\right)+\frac{2(2\beta-1)(1-\beta^2)\sin\left(\frac{\pi}{3}-2\theta_\sigma\right)}{\sqrt{4(1-\beta^2)\cos^2\left(\frac{\pi}{6}-\theta_\sigma\right)+\beta(5\beta-4)}}}{4(1-\beta^2)\cos^2\left(\frac{\pi}{6}-\theta_\sigma\right)+(2\beta-1)^2}-$$

$$\left[2(1-\beta^2)\cos\left(\frac{\pi}{6}-\theta_\sigma\right)+(2\beta-1)\sqrt{4(1-\beta^2)\cos^2\left(\frac{\pi}{6}-\theta_\sigma\right)+\beta(5\beta-4)}\right]\cdot$$

$$\frac{4(1-\beta^2)\sin\left(\frac{\pi}{3}-2\theta_\sigma\right)}{\left[4(1-\beta^2)\cos^2\left(\frac{\pi}{6}-\theta_\sigma\right)+(2\beta-1)^2\right]^2} \tag{3-37}$$

由式(3-27),得

$$\begin{cases}\dfrac{\partial Q}{\partial p}=M_c g(\theta_\sigma)-\dfrac{q}{p}\\ \dfrac{\partial Q}{\partial q}=1\\ \dfrac{\partial Q}{\partial \theta_\sigma}=-\dfrac{q}{g(\theta_\sigma)}\dfrac{\partial g(\theta_\sigma)}{\partial \theta_\sigma}\end{cases} \tag{3-38}$$

由式(3-35)和式(3-38),得

$$\frac{\partial Q}{\partial \sigma_{ij}}=\frac{\delta_{ij}}{3}\frac{\partial F}{\partial p}+\frac{3s_{ij}}{2q}\frac{\partial F}{\partial q}-\left(-\frac{\sqrt{3}}{3}\delta_{ij}-\frac{\sqrt{3}s_{ij}}{2q}\sin 3\theta_\sigma+3\sqrt{3}\frac{s_{ik}s_{kj}}{2q^2}\right)\cdot$$

$$\frac{q}{g(\theta_\sigma)}\frac{\partial g(\theta_\sigma)}{\partial \theta_\sigma}\frac{\sqrt{6}s_{ij}}{2q\cos 3\theta_\sigma} \tag{3-39}$$

由式(3-31)和式(3-32)可得硬化模量

$$H_p=-\frac{\partial F}{\partial \varepsilon_{eq}}\frac{\partial Q}{\partial q}\sqrt{\frac{2}{3}\mathrm{dev}\left(\frac{\partial Q}{\partial \sigma}\right)\mathrm{dev}\left(\frac{\partial Q}{\partial \sigma}\right)}$$

$$
=\frac{ApM_{\mathrm{f}}g(\theta_{\sigma})}{(A+\varepsilon_{\mathrm{eq}})^{2}}\sqrt{\frac{2}{3}\mathrm{dev}\left(\frac{\partial Q}{\partial\sigma}\right)\mathrm{dev}\left(\frac{\partial Q}{\partial\sigma}\right)} \tag{3-40}
$$

将式(3－36)、式(3－39)、式(3－40)代入式(3－29)即可得到弹塑性模量矩阵表达式，将所得矩阵代入式(3－28)即得增量形式应力应变关系具体表达式。

3.3.3　数值积分

率型本构方程的数值积分一般来说归结为一个常微分方程的初值问题，表述为

$$
\begin{cases}\dot{x}(t)=f(x(t))\\ x(0)=x_n\end{cases} \tag{3-41}
$$

对式(3－31)的积分有多种方法，最为简单且常用的方法为 Euler 方法。若 $x(t_{n+1})$ 为上式在 $t_n+\Delta t$ 时刻的精确解，数值近似解 x_{n+1} 为

$$
x_{n+1}=x_n+\Delta t\cdot f(x_{n+\vartheta}) \tag{3-42}
$$

式中，

$$
x_{n+\vartheta}=\vartheta\cdot x_{n+1}+(1-\vartheta)x_n \tag{3-43}
$$

根据 ϑ 取值的不同，Euler 法又可分为

$$
\begin{cases}\vartheta=0 & \text{Euler 向前}\\ \vartheta=\dfrac{1}{2} & \text{Euler 中点法}\\ \vartheta=1 & \text{Euler 向后}\end{cases} \tag{3-44}
$$

用 Euler 方法积分率形式的本构方程。将第 3.2.2 节中率形式的本构方程写为

$$\begin{cases}\dot{\boldsymbol{\sigma}} = \boldsymbol{D}^{\mathrm{e}} : \dot{\boldsymbol{\varepsilon}}^{\mathrm{e}} \\ \dot{\boldsymbol{\varepsilon}} = \dot{\boldsymbol{\varepsilon}}^{\mathrm{e}} + \dot{\boldsymbol{\varepsilon}}^{\mathrm{p}} \\ \dot{\boldsymbol{\varepsilon}}^{\mathrm{p}} = \dot{\lambda}\dfrac{\partial Q}{\partial \boldsymbol{\sigma}} = \dot{\lambda}\boldsymbol{m}^{*} \\ \dot{\kappa} = h(\dot{\boldsymbol{\varepsilon}}^{\mathrm{p}}) \\ F \leqslant 0,\ \dot{\lambda} \geqslant 0,\ \dot{\lambda} F = 0\end{cases} \tag{3-45}$$

率型本构方程数值积分的根本任务是要在时间步$[t_n, t_{n+1}]$内，根据t_n时刻，已知的各量，结合式(3-45)计算$t_{n+1}(t_{n+1} = t_n + \Delta t)$时刻的各量。具体为总应变$\boldsymbol{\varepsilon}_n$，塑性应变$\boldsymbol{\varepsilon}_n^{\mathrm{p}}$，应力$\boldsymbol{\sigma}_n$，内变量$\kappa_n$均已知，在施加了应变增量$\Delta\varepsilon$后，计算$t_{n+1}$时刻$(\boldsymbol{\varepsilon}, \boldsymbol{\varepsilon}_{n+1}^{\mathrm{p}}, \boldsymbol{\sigma}_{n+1}, \kappa_{n+1})$的值，即

$$(\boldsymbol{\varepsilon}_n, \boldsymbol{\varepsilon}_n^{\mathrm{p}}, \boldsymbol{\sigma}_n, \kappa_n) \xrightarrow{\Delta\boldsymbol{\varepsilon}} (\boldsymbol{\varepsilon}_{n+1}, \boldsymbol{\varepsilon}_{n+1}^{\mathrm{p}}, \boldsymbol{\sigma}_{n+1}, \kappa_{n+1}) \tag{3-46}$$

在t_{n+1}时刻，应力率$\dot{\boldsymbol{\sigma}}$可写为

$$\dot{\boldsymbol{\sigma}} = \frac{\boldsymbol{\sigma}_{n+1} - \boldsymbol{\sigma}_n}{\Delta t} \tag{3-47}$$

弹性试应力增量为

$$\dot{\boldsymbol{\sigma}}^{\mathrm{tr}} = \frac{\boldsymbol{\sigma}_{n+1}^{\mathrm{tr}} - \boldsymbol{\sigma}_n}{\Delta t} \tag{3-48}$$

式中，弹性试应力定义为

$$\boldsymbol{\sigma}_{n+1}^{\mathrm{tr}} = \boldsymbol{\sigma}_n + \Delta t \boldsymbol{D}^{\mathrm{e}} : \dot{\boldsymbol{\varepsilon}} \quad \dot{\boldsymbol{\varepsilon}}^{\mathrm{p}} = 0 \tag{3-49}$$

弹性极限应力与应力增量的关系为

$$\boldsymbol{\sigma}_A = \boldsymbol{\sigma}_n + \xi \dot{\boldsymbol{\sigma}}^{\mathrm{tr}} \quad 0 \leqslant \xi \leqslant 1 \tag{3-50}$$

将式(3-47)、式(3-48)代入式(3-45)，得到

$$\boldsymbol{\sigma}_{n+1} = \boldsymbol{\sigma}_{n+1}^{\mathrm{tr}} - \Delta\lambda_{n+1}\boldsymbol{D}^{\mathrm{e}} : \boldsymbol{m}^{*} \tag{3-51}$$

这里 $\Delta\lambda_{n+1} = \dot{\lambda}_{n+1}\Delta t$；$\boldsymbol{m}^{*}$ 为塑性势的梯度。

通过一致性条件，求得 $\Delta\lambda_{n+1}$ 后，塑性应变增量和内变量增量可表示为

$$\begin{cases} \Delta\boldsymbol{\varepsilon}_{n+1}^{\mathrm{p}} = \Delta\lambda_{n+1}\boldsymbol{m}^{*} \\ \kappa_{n+1} = \kappa_{n} + \Delta\kappa_{n+1} = \kappa_{n} + \Delta\lambda_{n+1}h(\boldsymbol{m}^{*}) \end{cases} \tag{3-52}$$

通过时间离散的加卸载准则为

$$\begin{cases} \boldsymbol{\sigma}_{n+1}^{\mathrm{tr}} \in A_{n},\ \Delta\lambda_{n+1} = 0,\ F_{n+1} < 0 & \text{弹性} \\ \boldsymbol{\sigma}_{n+1}^{\mathrm{tr}} \notin A_{n},\ \Delta\lambda_{n+1} > 0,\ F_{n+1} = 0 & \text{塑性} \end{cases} \tag{3-53}$$

式中，A_n 代表弹性极限应力 $\boldsymbol{\sigma}_A$ 以内的范围。

最后，率形式本构方程式(3-45)变为

$$\begin{cases} \boldsymbol{\sigma}_{n+1} = \boldsymbol{\sigma}_{n+1}^{\mathrm{tr}} - \Delta\lambda_{n+1}\boldsymbol{D}^{\mathrm{e}} : \boldsymbol{m}^{*} \\ \kappa_{n+1} = \kappa_{n} + \Delta\kappa_{n+1} = \kappa_{n} + \Delta\lambda_{n+1}h(\boldsymbol{m}^{*}) \\ F_{n+1} \leqslant 0,\ \Delta\lambda_{n+1} \geqslant 0,\ F_{n+1}\Delta\lambda_{n+1} = 0 \end{cases} \tag{3-54}$$

式中，$\boldsymbol{m}^{*}$ 与应力有关，在进行数值积分时，根据计算 $\boldsymbol{m}^{*}$ 时采用的应力的不同，分为不同的积分格式，比较常用的两种积分格式为 Euler 向前(forward-Euler)积分和 Euler 向后(backward-Euler)积分。下面将详细介绍这两种积分格式。

3.3.3.1　Euler 向前积分

Euler 向前积分是一种显式积分格式，在施加一个应变增量后，通过修正应力以满足一致性条件。计算时，令 $\boldsymbol{m}^{*} = \boldsymbol{m}^{*}(\boldsymbol{\sigma}_{n}) = \boldsymbol{m}^{*}(\boldsymbol{\sigma}_{A})$，即用 t_n 时刻的应力状态 $\boldsymbol{\sigma}_n$ 和硬化参数 κ_n 来计算 t_{n+1} 时刻的应力增量，见式(3-55)。

$$\Delta \boldsymbol{\sigma} = \boldsymbol{D}^{\mathrm{ep}}(\boldsymbol{\sigma}_n, \kappa_n)\Delta \boldsymbol{\varepsilon} \tag{3-55}$$

对每一个应变增量 $\Delta \boldsymbol{\varepsilon}$，先用弹性刚度矩阵试算，得到弹性试应力，即

$$\boldsymbol{\sigma}_{n+1}^{\mathrm{tr}} = \boldsymbol{\sigma}_n + \boldsymbol{D}^{\mathrm{e}} \cdot \Delta \boldsymbol{\varepsilon} \tag{3-56}$$

式中，$\boldsymbol{\sigma}_{n+1}^{\mathrm{tr}}$ 为按弹性状态计算的当前步试应力。应力状态从 $\boldsymbol{\sigma}_n$ 增加到 $\boldsymbol{\sigma}_{n+1}^{\mathrm{tr}}$ 时，需要作一次状态判断，可能出现以下三种情形，见图 3-7。

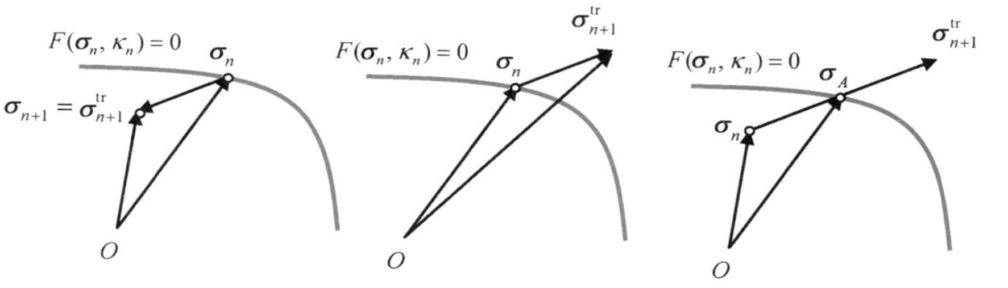

(a) 弹性加载　(b) 纯塑性加载　(c) 部分弹性部分塑性加载

图 3-7　加卸载状态决定示意图

（1）弹性加载

t_n时刻应力状态在屈服面上（或屈服面内），而 t_{n+1} 时刻应力状态在屈服面内，即

$$\begin{cases} F(\boldsymbol{\sigma}_n, \kappa_n) \leqslant 0 \\ F(\boldsymbol{\sigma}_{n+1}^{\mathrm{tr}}, \kappa_n) < 0 \end{cases} \tag{3-57}$$

此时，

$$\boldsymbol{\sigma}_{n+1} = \boldsymbol{\sigma}_{n+1}^{\mathrm{tr}} \tag{3-58}$$

（2）纯塑性加载

t_n时刻应力状态在屈服面上，而 t_{n+1}时刻的应力状态在屈服面外，即

$$\begin{cases} F(\boldsymbol{\sigma}_n, \kappa_n) = 0 \\ F(\boldsymbol{\sigma}_{n+1}^{\mathrm{tr}}, \kappa_n) > 0 \end{cases} \tag{3-59}$$

此时，

$$\boldsymbol{\sigma}_A = \boldsymbol{\sigma}_n \tag{3-60}$$

此时，无须计算弹性极限应力。

（3）部分弹性部分塑性加载

t_n时刻应力状态在屈服面内，而 t_{n+1}时刻的应力状态在屈服面外，即

$$\begin{cases} F(\boldsymbol{\sigma}_n, \kappa_n) < 0 \\ F(\boldsymbol{\sigma}_{n+1}^{\mathrm{tr}}, \kappa_n) > 0 \end{cases} \tag{3-61}$$

这时，需确定弹性加载和塑性加载的比例。须确定应力状态 $\boldsymbol{\sigma}_A$，设在应变增量中，塑性部分为

$$\Delta\boldsymbol{\varepsilon}^{\mathrm{p}} = \xi\Delta\boldsymbol{\varepsilon} \tag{3-62}$$

弹性应变为

$$\Delta\boldsymbol{\varepsilon}^{\mathrm{e}} = (1-\xi)\Delta\boldsymbol{\varepsilon} \tag{3-63}$$

因此，有

$$\boldsymbol{\sigma}_A = \boldsymbol{\sigma}_n + \boldsymbol{D}^{\mathrm{e}}(1-\xi)\Delta\boldsymbol{\varepsilon} \tag{3-64}$$

式中，ξ 可通过令 $F(\boldsymbol{\sigma}_A, H_n) = 0$，并采用 Newton-Raphson 迭代求得。纯塑性加载可看成是 $\xi = 0$ 的一个特例。

最后，t_{n+1}时刻的应力可通过式（3-65）计算

$$\boldsymbol{\sigma}_{n+1} = \boldsymbol{\sigma}_A + \boldsymbol{D}^{\mathrm{ep}}(\boldsymbol{\sigma}_A, \kappa_n)\xi\Delta\boldsymbol{\varepsilon} \tag{3-65}$$

然后通过式(3-62)计算,并更新得到 t_{n+1} 时刻的硬化参数 κ_{n+1}。一般情况下,这样得到的 $\boldsymbol{\sigma}_{n+1}$ 和 κ_{n+1} 并不严格满足 $f(\boldsymbol{\sigma}_{n+1}, \kappa_{n+1})=0$,可再通过 Newton-Raphson 迭代得到修正后的 $\boldsymbol{\sigma}_{n+1}^{*}$,从而保证 $f(\boldsymbol{\sigma}_{n+1}^{*}, \kappa_{n+1})=0$。

Euler 向前积分如图 3-8 所示,由于其原理简单,易于编制程序,是本构方程积分采用较多的方法。

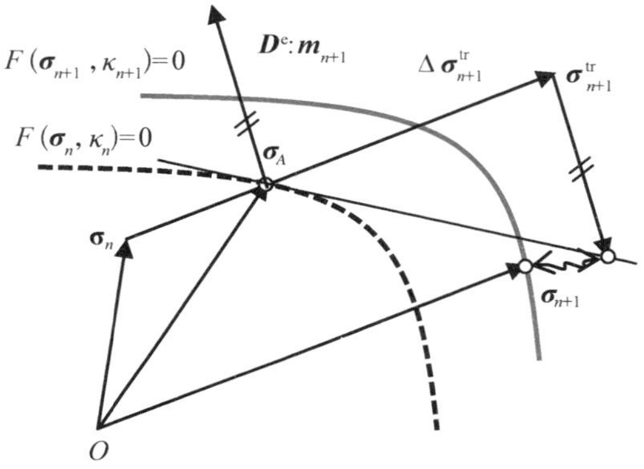

图 3-8　Euler 向前积分示意图

然而,在采用显式积分时,虽经校正后的 $\boldsymbol{\sigma}_{n+1}^{*}$ 是位于屈服面上的,但总应变、塑性应变增量及内变量仍保持不变,因而所得到的各量之间并非是完全一致的。若在每步加载采用很小的应变增量时,且计算精度要求不高的情况下,显式积分格式仍是可以接受的。然而,这种各量间的不一致性将随着增量步长的增加而增加,特别是在进行有限元计算时,误差的过度累积将导致解的漂移。为减小误差,也可结合子增量法进行计算,在子增量数足够多时,数值解能逼近精确解,然而子增量数的增加又会导致计算量的过大增加。由于显式积分存在以上缺点,在有限元计算时,常采用精度更高的 Euler 向后积分算法。

3.3.3.2　Euler 向后积分

Euler 向后积分是一种隐式积分格式,与显式积分格式最大的不同是

它采用 t_{n+1} 时刻的应力来计算塑性势梯度，即 $\boldsymbol{m}^* = \boldsymbol{m}^*(\boldsymbol{\sigma}_{n+1})$，直接令 t_{n+1} 时刻的一致性条件满足，得到

$$F[\boldsymbol{\sigma}_{n+1},\ \kappa_{n+1}(\Delta\lambda_{n+1})] = 0 \tag{3-66}$$

式(3-66)经过迭代即可计算出塑性乘子 $\Delta\lambda_{n+1}$，从而可求得应力 $\boldsymbol{\sigma}_{n+1}$、塑性应变 $\boldsymbol{\varepsilon}^{\mathrm{p}}_{n+1}$ 和内变量 κ_{n+1}。

Euler 向后积分如图 3-9 所示。与 Euler 向前积分比较，其优点在于精度较高，可采用较大的增量步以节约计算耗时，且不需进行中间点 $\boldsymbol{\sigma}_A$ 的计算。

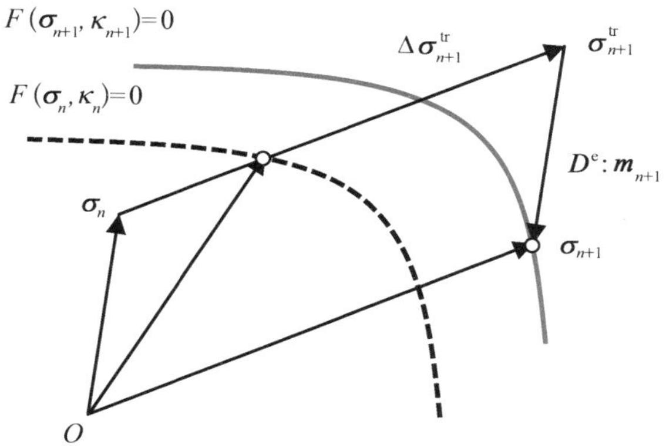

图 3-9　Euler 向后积分示意图

3.4　松砂真三轴试验模拟

采用本书建立的修正三维 Mohr-Coulomb 模型对 Shapiro 和 Yamamuro[220]的松砂真三轴试验结果进行模拟。试验采用 Nevada 砂，相对密实度 $D_{\mathrm{r}} = 33\%$，试验围压为 50 kPa。模型采用的各参数见表 3-2。

试验所得的偏平面上的破坏线和通过强度准则的预测结果见图

表 3-2 三维本构模型参数

弹性参数	塑性参数
E=15 MPa v=0.35	M_f=1.42 M_c=1.32 β=0.75 A=0.0045

3-10。从图中可以看出，三维 Mohr-Coulomb 准则，由于采用的是线性插值的角隅函数(式(3-17))，其预测结果只在三轴压缩 ($b=0$) 状态下与试验结果符合，而在 $0<b\leqslant 1$ 状态下，特别是在三轴拉伸($b=1$) 状态时，预测强度较低。采用椭圆插值角隅函数，并经过修正的三维 Mohr-Coulomb 准则预测的结果和试验结果符合得较好，并与 Lade-Duncan 的预测结果大致相同。

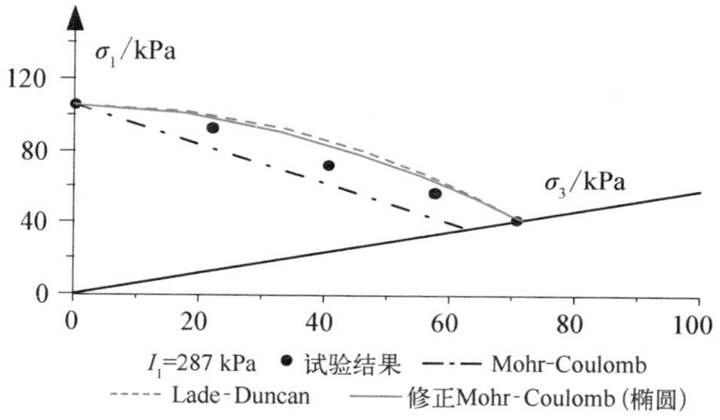

图 3-10 偏平面上破坏线

对一系列中主应力比 b 条件下的应力应变关系模拟表明，在 $b=0.0$ 时，采用线性插值的三维 Mohr-Coulomb 模型与修正椭圆插值的三维 Mohr-Coulomb 模型的模拟结果完全相同，如图 3-11(a)所示。随着 b 值的增大，线性插值模型模拟结果偏低，在 $b=1.0$ 时，偏离最明显，如图 3-11(e)所示。而修正椭圆插值模型在所有 b 值条件下，特别是 $b=1$ 条件下与试验结果符合较好。这说明在本构模型参数选取时，合理描述峰值内摩擦角随中主应力变化是极为重要的。通过以上一系列定 b 值条件下的真三轴状态数值模拟表明，修正后的模型能较好地模拟土体的应力应变关系和体积变形。

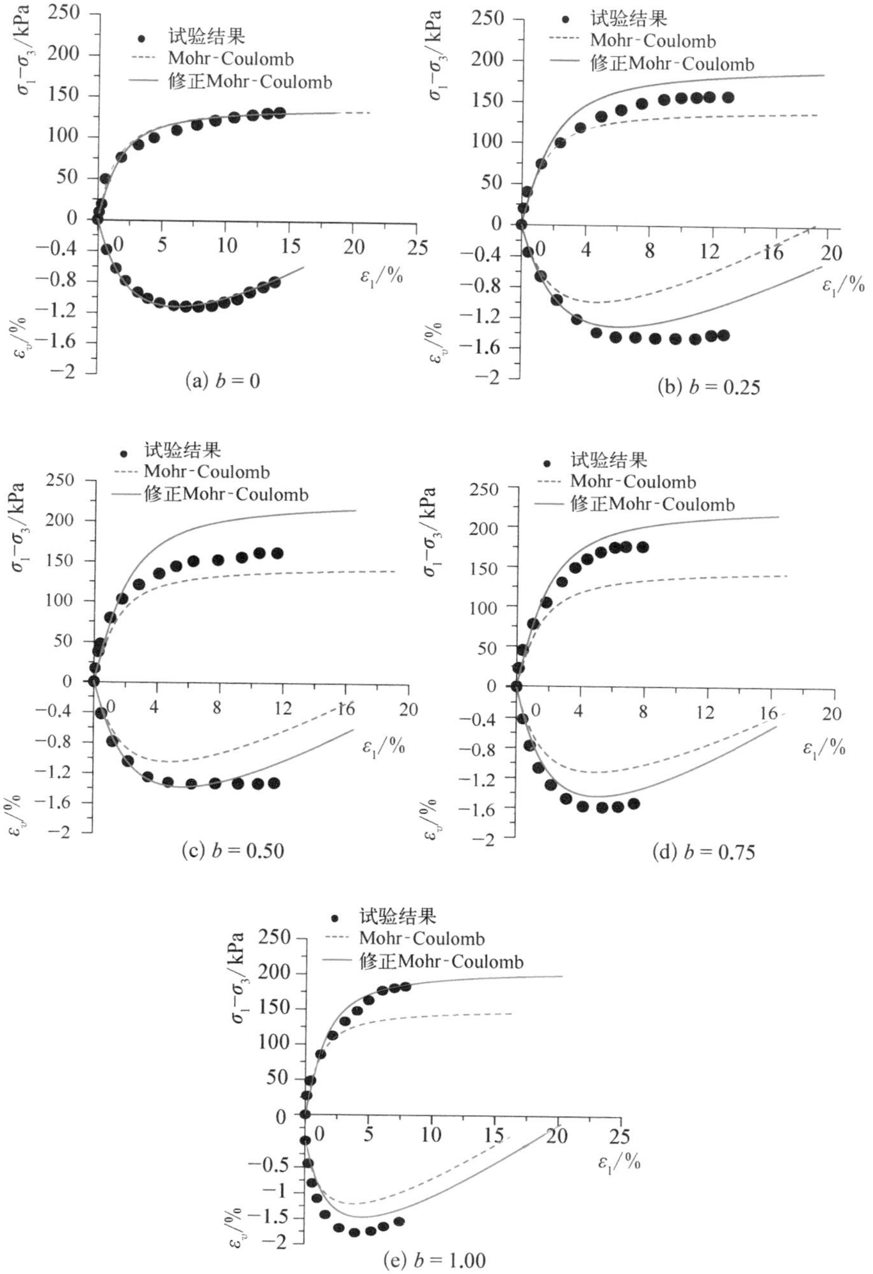

图 3-11　应力与大主应变及体积应变与大主应变关系

3.5 本章小结

三维 Mohr-Coulomb 强度准则由于不能合理反映中主应力比对土体强度的影响，且只采用了三轴压缩试验参数，因而预测的土体强度偏低。为合理考虑中主应力比影响，引入应力 Lode 角在 π 面建立了椭圆形式的角隅函数，并考虑到三轴压缩和三轴拉伸状态下强度参数的差异，对三维 Mohr-Coulomb 强度准则进行修正，使之更能合理描述真三轴状态下土体的强度。在修正强度准则基础上，建立了一个简单适用的三维 Mohr-Coulomb 本构模型，准确模拟了松砂的真三轴试验结果。

第4章 基于非共轴模型的应变局部化预测

4.1 概　　述

由第2章的分析可知，能否准确预测应变局部化发生，关键在于所采用的本构方程是否合理。以往的研究表明，由于传统本构模型是建立在应变率和当前应力共轴的基础上的，忽略了非共轴塑性应变率的影响，从而导致以它为基础的分叉分析不能准确预测土体的失稳。为提高预测应变局部化的准确性，有必要引入非共轴塑性流动理论[2,51,67,71-73]。Rudnicki和Rice[51]基于类似角点形式的增量线性本构模型，建立了非共轴模型，改进了应变局部化预测结果。Vardoulakis和Graf[2]建立了基于塑性变形理论的非共轴模型，通过分叉分析得到了类似的结论。Han和Drescher[67]基于平面应变试验结果，系统分析了基于不同本构理论预测土体变形分叉的差异，建议增加非共轴流动准则来分析应变局部化问题。Papamichos和Vardoulakis[68]在非共轴流动理论上引入运动硬化准则，更准确地模拟了Han和Drescher的试验结果。钱建固和黄茂松[12]从Drucker材料稳定性基本假设出发，基于二维等向硬化模型研究了土体变形分叉的非共轴特性，证实了非共轴塑性应变率的存在性。其后，钱建固等[72]又将非共轴理论推广到三维情形，所建立的模型并不适用于真三轴试验分析，因而仍局限于平面应变状态的应变局部化分析中。不适用的根本原因在于所采用的角隅函数过于简单，所采用的强度准则不能合理描述一般应力状态下的土体强度，从而不能正确模拟真三轴试验中不同中主应力比状态下的应力应变关系。事实上，要想准确预测真三维状态下土体的失稳，需采用更为合理的三维非共轴本构模型。

基于第 3 章所建立的三维修正 Mohr-Coulomb 模型基础上，本章考虑非共轴项（切线应力率效应）的影响，建立了一个三维非共轴弹塑性本构模型；基于分叉理论，分别采用共轴和非共轴模型对平面应变和真三轴状态下应变局部化发生进行预测；将两种模型的预测结果与试验结果进行对比，验证非共轴模型在预测应变局部化中的优越性；进一步地，在一系列中主应力比状态下，研究应变局部化的形成对土体强度的影响。

4.2 非共轴模型

Rudnicki 和 Rice[51] 基于一种适用于裂隙岩体的角点模型，通过减小中性加载方向的模量来考虑切线应力率效应，分叉分析表明这样改进后的模型能够准确预测应变局部化的发生。由于该模型得到的塑性应变率和应力率并不共轴，因而也被称为非共轴模型[76]。

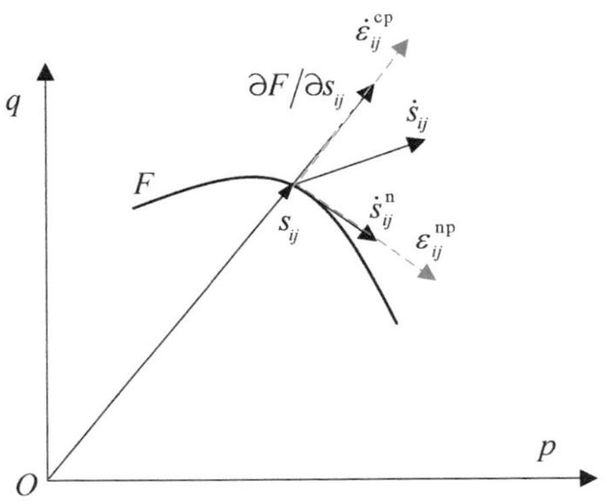

图 4-1 应力率和塑性应变率

根据非共轴理论，塑性应变率由共轴项 $\dot{\varepsilon}_{ij}^{cp}$ 和非共轴项 $\dot{\varepsilon}_{ij}^{np}$ 两部分组成，见图 4-1，即

$$\dot{\varepsilon}_{ij}^{\mathrm{p}} = \dot{\varepsilon}_{ij}^{\mathrm{cp}} + \dot{\varepsilon}_{ij}^{\mathrm{np}} \tag{4-1}$$

式中，共轴项 $\dot{\varepsilon}_{ij}^{\mathrm{cp}}$ 与常规模型相同；非共轴项 $\dot{\varepsilon}_{ij}^{\mathrm{np}}$ 反映的是屈服面切线方向的屈服作用。

Rudnicki 和 Rice[51] 在 $p-q$ 应力空间上给出了非共轴塑性应变率 $\dot{\varepsilon}_{ij}^{\mathrm{np}}$ 的表达式，应力率采用的是客观 Jaumann 率，由于在小变形条件下，Cauchy 率与 Jaumann 率是等同的，又由于非共轴项引起的体积变形可以忽略[51]，因此，在小变形条件下非共轴塑性应变表示为

$$\dot{\varepsilon}_{ij}^{\mathrm{np}} = \dot{e}_{ij}^{\mathrm{np}} = \frac{1}{H_t} \dot{s}_{ij}^{\mathrm{n}} \tag{4-2}$$

式中，$\dot{s}_{ij}^{\mathrm{n}} = \dot{s}_{ij} - \dot{s}_{kl}s_{kl}/s_{mn}s_{mn}$ 为非共轴应力率，如图 4-1 所示；H_{t} 为非共轴参数。

式(4-2)是在 $p-q$ 应力空间上推导出来的，由于忽略了第三应力不变量的影响，因而并不能直接用于一般应力状态下的本构模型中。钱建固等[72]通过引入第三应力不变量，推导了三维状态非共轴应力率，即

$$\dot{s}_{ij}^{\mathrm{n}} = \dot{s}_{ij} - \frac{\dot{s}_{kl}s_{kl}}{s_{mn}s_{mn}} - \frac{\dot{s}_{kl}S_{kl}}{S_{mn}S_{mn}}S_{ij} \tag{4-3}$$

式中，$S_{ij} = s_{ik}s_{kj} - \frac{2}{3}J_2\delta_{ij} - \frac{3}{2}\frac{J_3}{J_2}s_{ij}$。

将式(4-3)代入式(4-2)后，非共轴塑性应变率式(4-2)可表示为

$$\dot{\varepsilon}_{ij}^{\mathrm{np}} = C_{ijkl}^{\mathrm{np}}\dot{\sigma}_{kl} \tag{4-4}$$

式中，三维纯非共轴项对应的柔度张量为

$$C_{ijkl}^{\mathrm{np}} = \frac{1}{H_t}\left(\frac{\delta_{ik}\delta_{jl} + \delta_{il}\delta_{jk}}{2} - \frac{\delta_{kl}\delta_{ij}}{\delta_{mn}\delta_{mn}} - \frac{s_{ij}s_{kl}}{s_{mn}s_{mn}} - \frac{S_{ij}S_{kl}}{S_{mn}S_{mn}}\right) \tag{4-5}$$

最后，非共轴弹塑性本构方程仍可写为与常规弹塑性应力应变关系类似的形式，即为

$$\dot{\sigma}_{ij} = D^{\mathrm{ep}}_{ijkl}\,\dot{\varepsilon}_{kl} \tag{4-6}$$

式中，非共轴弹塑性模量张量 D^{ep}_{ijkl} 为

$$D^{\mathrm{ep}}_{ijkl} = D^{\mathrm{e}}_{ijkl} - D^{\mathrm{e}}_{ijmn} \cdot \left(\frac{\dfrac{\partial Q}{\partial \sigma_{mn}} \dfrac{\partial F}{\partial \sigma_{\mathrm{st}}}}{H_{\mathrm{p}} + \dfrac{\partial F}{\partial \sigma_{\mathrm{pq}}} D^{\mathrm{e}}_{\mathrm{pquv}} \dfrac{\partial F}{\partial \sigma_{\mathrm{uv}}}} + \frac{H_{\mathrm{t}}}{H_{\mathrm{t}} + 2G} C^{\mathrm{np}}_{mn\mathrm{st}} \right) \cdot D^{\mathrm{e}}_{\mathrm{st}kl} \tag{4-7}$$

从式(4-7)可看出，非共轴项修正实质在于对传统模型弹塑性模量张量进行修正，添加了一个非共轴柔度项 C^{np}_{ijkl}。

4.3 分叉理论

由第 2 章内容可知，连续性分叉理论要求弹塑性矩阵构成的声学张量行列式为零，即

$$\det(A_{jk}) = \det(n_i D^{\mathrm{ep}}_{ijkl} n_l + B_{jk}) = 0 \tag{4-8}$$

式中，n_i 表示剪切带带面单位法线向量的分量。在小变形条件下，$B_{jk} = 0$，将式(4-8)写为显式形式，为

$$A_{jk} = n_1^2 D^{\mathrm{ep}}_{1jk1} + n_2^2 D^{\mathrm{ep}}_{2jk2} + n_3^2 D^{\mathrm{ep}}_{3jk3} + n_1 n_2 (D^{\mathrm{ep}}_{1jk2} + D^{\mathrm{ep}}_{2jk1}) + n_2 n_3 (D^{\mathrm{ep}}_{2jk3} + D^{\mathrm{ep}}_{3jk2}) + n_3 n_1 (D^{\mathrm{ep}}_{3jk1} + D^{\mathrm{ep}}_{1jk3}) \tag{4-19}$$

式中，

$$\begin{cases} n_1 = \sin\alpha \\ n_2 = \cos\alpha\cos\beta \\ n_3 = \cos\alpha\sin\beta \end{cases} \tag{4-10}$$

式中，α，β 分别为剪切带法线与大主应力和中主应力的方向角，见图 4-2。

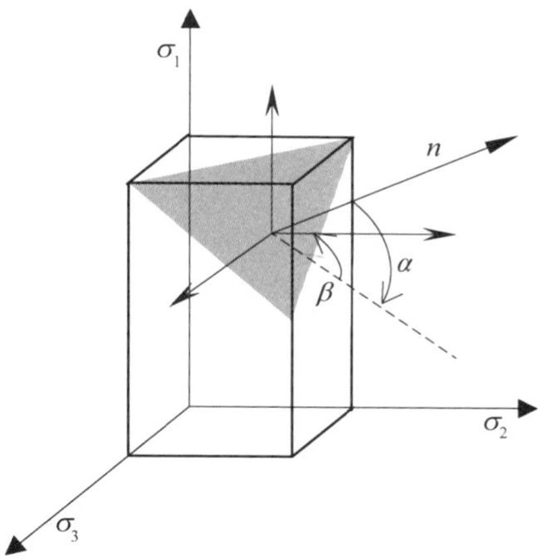

图 4-2　三维应力状态下剪切带示意图

若令 $\beta=\pi/2$，则 $n_i=\{\sin\alpha,\ 0,\ \cos\alpha\}^{\mathrm{T}}$，即变为通常采用的应变局部化判别准则式为

$$\begin{cases} n_1 = \sin\alpha \\ n_2 = 0 \\ n_3 = \cos\alpha \end{cases} \tag{4-11}$$

4.4　密砂试验模拟

4.4.1　平面应变试验模拟

对 Han 和 Drescher[67] 一系列平面应变局部化试验结果进行模拟，试样采用 Ottawa 粗砂，初始孔隙比 $e_0=0.32\sim0.33$，初始围压分别为 50 kPa、100 kPa、200 kPa 和 400 kPa。模拟所用的参数见表 4-1。弹性参数 E、v 和 M_c 采用 Qian 等[221] 采用的中密砂模型参数，

表 4-1　平面应变试验模拟采用的本构模型参数

弹性参数	塑性参数
$E=175$ MPa $v=0.1667$	$M_f=1.70$ $M_c=0.965$ $\beta=0.682$ $A=0.001$ $H_t=0.04G$

A 及 H_t 则通过拟合试验结果得到。

采用非共轴模型模拟的结果见图 4-3,非共轴项的引入对应力应变关系曲线并无太大影响,然而对分叉点的预测却有较大影响。

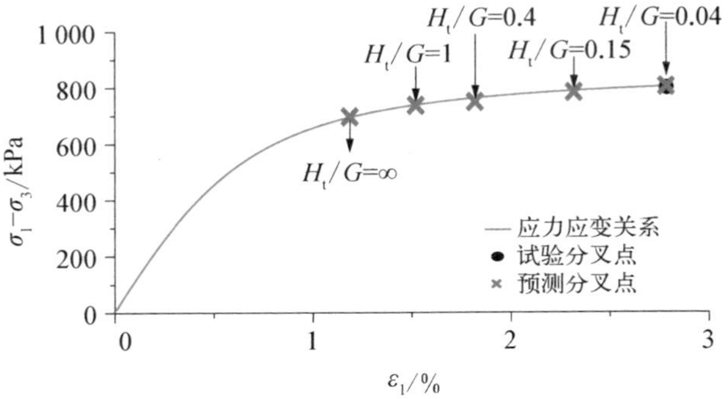

图 4-3 应变局部化预测(围压 200 kPa)

非共轴模量 H_t 与分叉点对应的大主应变 ε_1^b 的关系如图 4-4(a)所示。当 $H_t=\infty$ 时,模型退化为共轴模型,预测到的 ε_1^b 较小;随着 H_t 的逐渐减小,ε_1^b 增大;当 $H_t/G=0.04$ 时,ε_1^b 达到最大值;随着 H_t 的进一步减小,ε_1^b 又开始减小。图 4-5(b)表明,当 H_t 较大时,对预测到的剪切带倾角 θ_s 的影响不大;当 H_t 减小到一定值时,它的进一步减小导致 θ_s 迅速减小;当 H_t 很小时,θ_s 为一个很小的值,随着 H_t 的继续减小而保持定值。

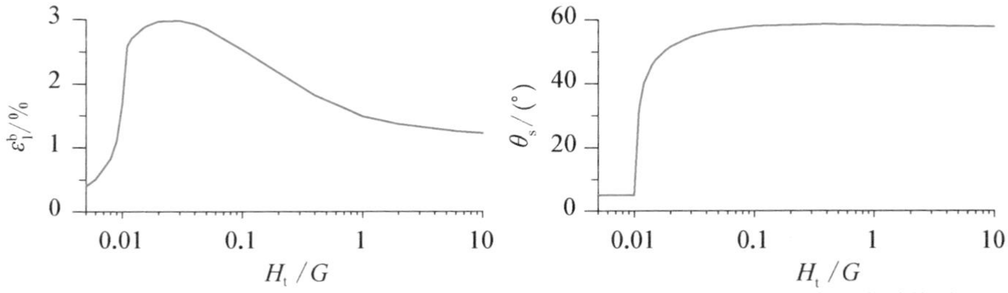

(a) 对分叉点的影响　　(b) 对剪切带倾角的影响

图 4-4 非共轴塑性硬化模量 H_t 对应变局部化预测的影响(围压 200 kPa)

围压对分叉点影响的预测结果如图 4－5(a)所示，共轴和非共轴模型预测到的 ε_1^b 都随着围压的增大而增大，而非共轴模型预测结果与试验结果更接近。剪切带倾角与围压的关系如图 4－5(b)所示，共轴模型预测结果随围压的增大而增大，与试验结果规律相反，而非共轴模型的预测结果则与试验结果符合。同时，通过对比表明，改进角隅函数后的三维非共轴模型模拟结果比 Qian 等[221]采用传统角隅函数的模拟结果更符合试验结果。

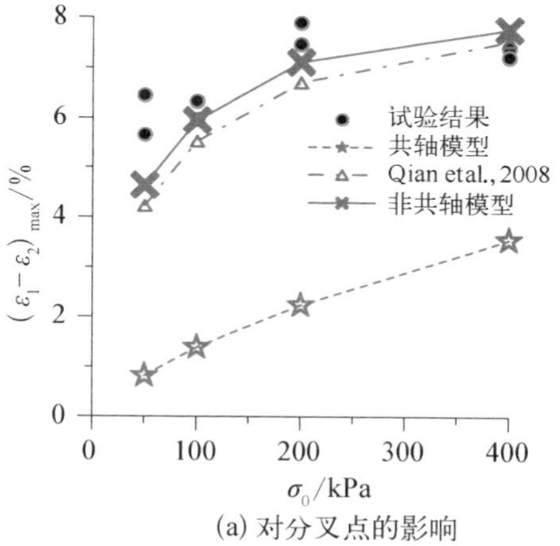

(a) 对分叉点的影响

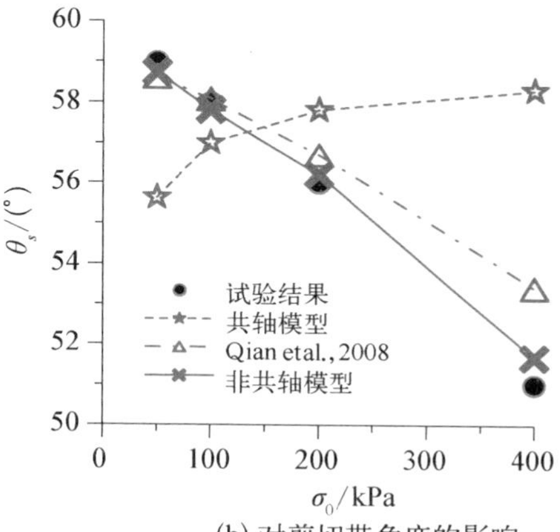

(b) 对剪切带角度的影响

图 4－5　初始围压对应变局部化预测的影响

4.4.2　真三轴试验模拟

采用本文模型对 Lade 和 Wang[16,17]一系列定 b 值条件下真三轴试验结果进行数值模拟。试验所采用的试样为 Santa Monica Beach 密砂，D_{50} ＝0.25 mm，孔隙率为 0.631，干密度为15.99 kN/m^3，试验围压为49 kPa。模拟所用的参数如表 4－2 所示，M_f 由 $b=0$ 状态的真三轴试验测得；β 由 $b=1$ 状态和 $b=0$ 状

表 4－2　三维非共轴本构模型参数

弹性参数	塑性参数
$E=175$ MPa $v=0.1667$	$M_f=1.75$ $M_c=0.965$ $\beta=0.705$ $A=0.001$ $H_t=0.29$ MPa

态的真三轴试验测得；弹性参数 E，v，A 及 M_c 取上一节相同的模型参数；H_t的值则通过拟合试验模拟结果得到。

对中主应力比 b 分别为 0.0，0.20，0.41，0.60，0.80，1.0 状态下应力应变关系的试验结果进行数值模拟，模拟结果见图 4-6。从图中可看出，在分叉点前，数值模拟结果与试验结果符合较好，表明本文模型能较好地反映真三轴试验中土体的应力应变特性。

通过对比表明，非共轴项的引入并不改变土体分叉前的应力应变关系特性，但对分叉点的预测却有较大影响。当 $b=0$ 时，此时等同于常规三轴压缩状态，数值模拟结果如图 4-6(a)所示，共轴和非共轴模型在硬化阶段都没有预测到应变局部化发生，这与当前试验结论一致。当 $b=1.0$ 时，数值模拟结果如图 4-6(f)所示，采用共轴模型预测不到分叉点，而采用非共轴模型却能预测到分叉点，且预测结果与试验结果相符。应变局部化发生时的大主应变 ε_1^b 与中主应力比 b 的关系如图 4-6(b)—4-6(d)所示，在 $b=0.20$、$b=0.41$ 和 $b=0.60$ 时，采用共轴理论预测的分叉点过早，而在 b 为 0.8 时，共轴理论预测到的分叉点又过迟，如图 4-6(e)所示。

中主应力比 b 与分叉点上大主应变 ε_1^b 的关系具体如图 4-7 所示。总体上，对于共轴模型，当 b 值小于 0.18 或大于 0.83 时，没有分叉点出现，即不能预测到应变局部化发生；当 $0.18 \leqslant b \leqslant 0.83$ 时，预测的 ε_1^b 随 b 值增大而增大。而对于非共轴模型，随着 b 值从 0 逐渐增加时，ε_1^b 从无穷大值迅速减小至有限值；随着 b 值的继续增加，当达到 0.41 时，ε_1^b 达到最小值；随着 b 值的进一步增加，基本保持不变，仅有略微增大；基于传统共轴模型预测的分叉点在 b 小于 0.6 时过于提前，在 b 大于 0.6 时预测的分叉点又过迟，而基于非共轴模型能明显改进传统模型对分叉点的预测，且更符合试验结果。

峰值应力比与中主应力比 b 的关系如图 4-8 所示。若不考虑变形分叉影响，峰值应力比由平滑峰值强度决定，预测结果将偏高。对于共轴模

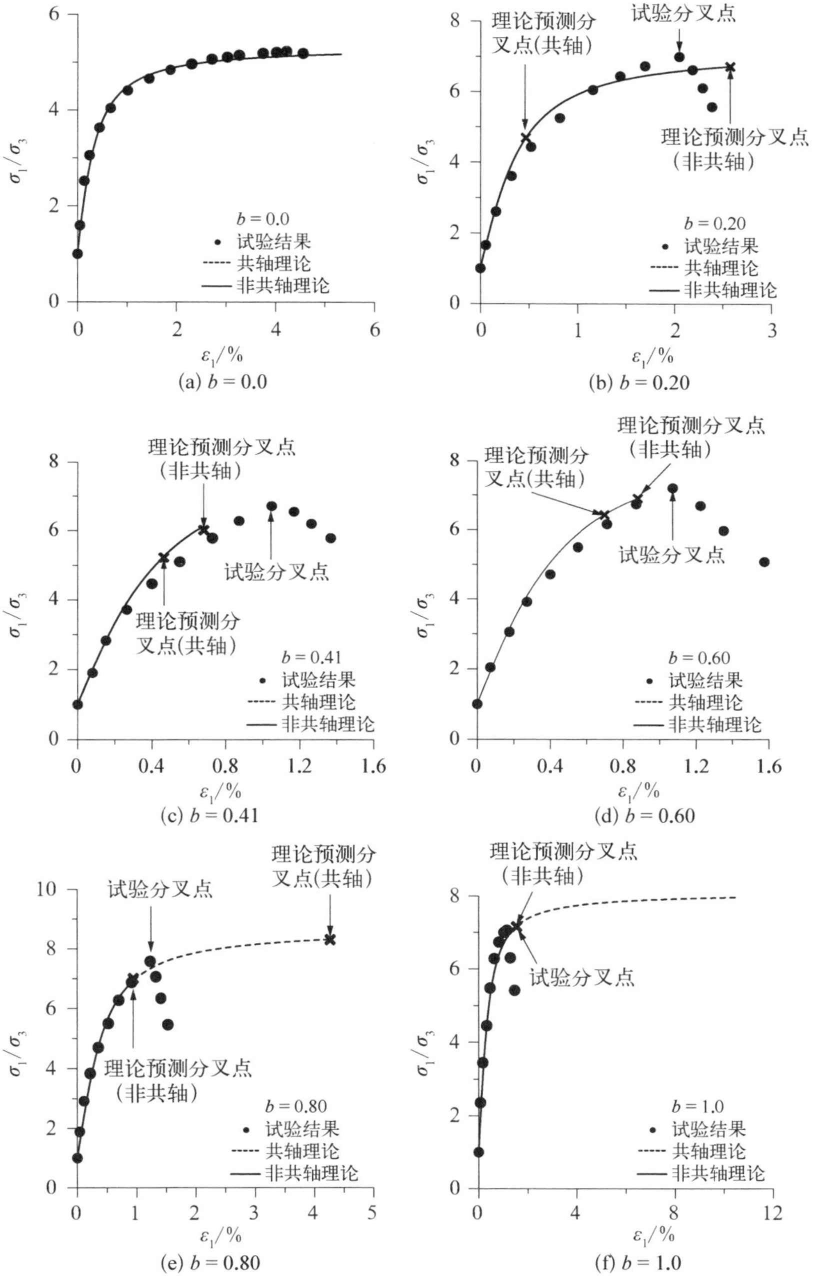

图 4-6　大主应变与偏应力的关系($\sigma_c=49$ kPa)

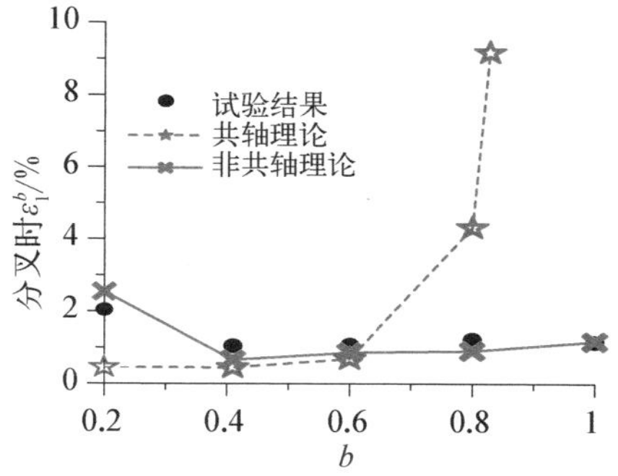

图 4-7　分叉时的大主应变与中主应力比的关系

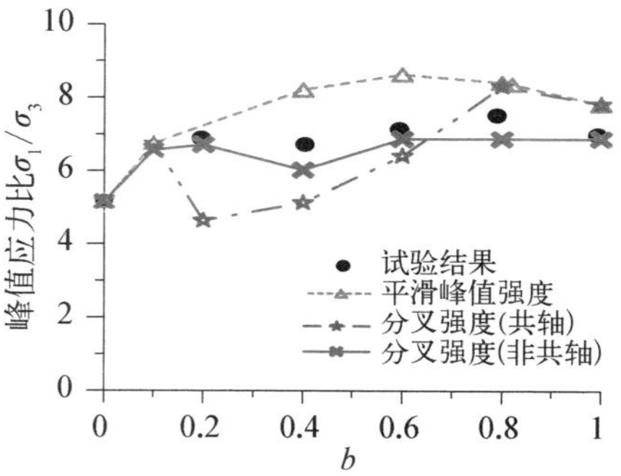

图 4-8　峰值强度

型，在 b 接近 0 和 1 时，均不会发生分叉，峰值应力比仍由平滑峰值强度决定，预测结果只在 $b=0$ 时与试验结果符合，而 $b=1.0$ 时预测结果偏高。在 $0.18<b<0.83$ 时，预测到应变局部化发生，因而峰值应力比由分叉强度决定。然而，共轴模型预测到的峰值应力比在 b 值位于 0.1～0.6 之间时偏低，而在 0.65 到 0.8 之间又偏高。通过对比可看出，非共轴模型预测的峰值应力比更符合试验结果。

4.5　本章小结

引入非共轴塑性流动法则，建立了一个三维弹塑性非共轴模型。基于分叉分析，对平面应变试验和真三轴试验中应变局部化发生进行了理论预测。平面应变试验预测表明非共轴流动法则的引入对应力应变关系的影响很小，但对分叉点的预测有较大影响，它的引入能明显改善共轴模型的预测结果。特别地，非共轴模型则能正确反映剪切带倾角随着围压增大而减小的试验结果，而共轴模型预测的结果则正好相反。真三轴试验模拟结果表明，非共轴项的引入能准确预测不同中主应力比状态下应变局部化的发生。土体强度分析表明,应变局部化的发生将使得土体强度得不到最大发挥,除三轴压缩状态外,材料的峰值强度由分叉强度决定。相比共轴模型而言,非共轴模型更能合理预测材料强度随中主应力的变化特性。

第5章

基于非局部塑性模型的一维应变局部化理论解析

5.1 概　　述

第 2 章和第 4 章基于本构模型的分叉分析，在理论和数值上对应变局部化的发生进行了预测，然而对分叉后的变形特性却没有作任何探讨。理论和试验研究均证实，应变局部化的发生伴随着材料的软化，这导致在数值模拟时必然要用到软化型的应力-应变关系。由于缺乏一个长度参数，局部塑性软化模型将导致一系列问题，如动力分析时波不能传播，静力分析时应变局部化解不确定等。非局部理论通过引入一个特征长度为解决这些问题提供了一个有效途径。本章首先通过对软化材料中的谐波波速进行分析，在一维动力情形下检验非局部理论保持动力学方程双曲性的能力和条件；然后，通过求解一个积分方程，得到了一维等截面拉杆静力应变局部化问题的解析解，验证了非局部理论在静力应变局部化分析中的适用性；最后，通过对一个非等截面拉杆的应变局部化问题的求解，分析了外部尺度对应变局部化形成和发展的影响。

5.2　偏微分方程的适定性

一般地，弹塑性力学问题归结为偏微分方程组（PDEs）的求解，若要使该方程组得以求解，必须要求所建立的 PDEs 是适定的（well-posed）。适定性包括三个条件：① 解的存在性；② 解的唯一性；③ 解的稳定性。稳定性要求解随方程系数、边界条件和分析区域的变化是连续的。只要三者其中之一得不到满足，则建立的 PDEs 不是适定的（或病态的，Ill-posed）。不适定的 PDEs 不能合理反映所描述对象的物理本质。一般来说，导致 PDEs 不适定的因素主要有：① 解不存在或定解条件过多；② 解不唯一或定解条件过少；③ 定解条件与偏微分方程的型不匹配，或解随方程系数，边界条件和分析区域的变化不连续。

由于常规材料模型是在局部理论上建立的，缺少一个尺度参数，当应力-应变关系从硬化型转变到软化型时，PDEs 将变形，即在动力情形，初值问题（IVP）失去双曲性（hyperbolic），在静力情形，边值问题（BVP）失去椭圆性（elliptic）。PDEs 的变形将使得原来的定解条件不再适用，控制方程丧失适定性。若要使病态方程得以求解，须引入一个特征长度进行正则化（regularization）。引入特征长度的模型主要有黏塑性模型、Cosserat 模型、梯度模型以及积分非局部模型。在这些模型中，积分非局部模型物理意义相对更为明确，是一种较合理的正则化机制。

5.3　积分非局部塑性理论

在均匀化（homogenization）理论[222]中，特征长度（characteristic

length)代表材料特征体积(representative volume element, RVE)的最小值[143],它建立起了微结构力学和经典连续介质力学理论间的联系。在物理上,特征长度解释为能够有效定义传统连续介质力学中应力和应变的范围。Bažant[143]指出,任何含有一个长度参数的模型都可统称为广义非局部模型。根据非局部量引入方式的不同,广义非局部模型可分为弱非局部模型和强非局部模型两种。弱非局部模型包括 Cosserat(或微极)模型[136,148],应变梯度模型[166,223]等,而强非局部模型则只有积分非局部模型[140-143]。同时,在狭义上讲,非局部理论也仅指积分型非局部理论。非局部理论认为任何物质点的应力状态不仅与该点本身的应变状态有关,而且取决于以此点为中心的临域的应变场。非局部理论最早被用于弹性力学领域,其后被推广到塑性力学和损伤力学领域。早期的非局部理论认为模型中所有变量都是非局部形式的,然而这种考虑并不适用于应变局部化分析。Bažant 和 Lin[141],de Borst[183]指出只有将与应变软化相关的内变量看作是非局部变量才是合理的,且足以保持相应边值问题的适定性。Bažant 等[184]最早将非局部理论用于正则化损伤软化模型导致的病态边值问题,克服了损伤局部化有限元模拟中的网格敏感性。然而当非局部理论用于塑性软化模型时,却常需要进行过非局部修正才能有效[186-188]。

众多研究者们研究了积分型非局部理论和梯度理论间的关系[184-189,224-225]。在积分非局部模型中,一个材料点的非局部变量是通过该点以及周围点的局部变量值加权平均得到,而梯度模型则是通过对材料点的相关变量附加其一阶或二阶导数而得,它仅考虑到该点紧邻点的影响,在数学上来说,仍属于局部模型范畴。同时,梯度模型可通过取非局部变量 Taylor 级数展开后的前几项近似得到[184,189]。然而,事实证明这种近似将导致完全不同的结果,即使是相似的梯度模型,得到的结果也可能会相差甚远[225-226]。

5.3.1　积分型非局部变量

在物理意义上，非局部量为在某一空间域内所有材料点的局部量的加权平均，在数学意义上，非局部量可视为局部量的卷积。非局部变量[141,143]定义为

$$\hat{f}(\boldsymbol{x}) = \int_V \alpha(\boldsymbol{x}, \boldsymbol{\xi}) f(\boldsymbol{\xi}) \mathrm{d}\boldsymbol{\xi} \tag{5-1}$$

式中，$\hat{f}(\boldsymbol{x})$ 为非局部变量；$f(\boldsymbol{\xi})$ 为局部变量；V 为所分析物体占有的整个空间区域；$\alpha(\boldsymbol{x}, \boldsymbol{\xi})$ 为平均函数，它是一个包含了特征长度并对称于 $\boldsymbol{x}$ 的正的函数。非局部变量的物理意义如图 5－1 所示。

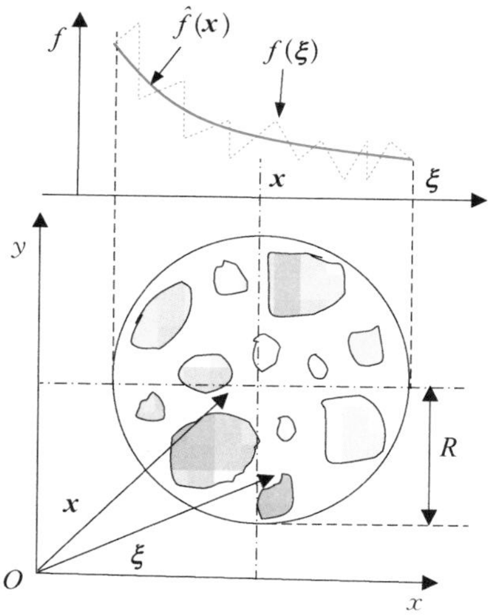

图 5－1　非局部变量的定义

对于均匀分布的局部场函数 $f(\boldsymbol{\xi})$，通过加权平均而得到的非局部变量 $\hat{f}(\boldsymbol{x})$ 须在所分析的整个区域内也保持为常数。但对于临近边界的部分，平均函数 $\alpha(\boldsymbol{x}, \boldsymbol{\xi})$ 可能会溢出外边界而不能保持这种特性，因此，$\alpha(\boldsymbol{x}, \boldsymbol{\xi})$ 常需修正为

$$\alpha(\boldsymbol{x}, \boldsymbol{\xi}) = \frac{\alpha_\infty(\boldsymbol{x}, \boldsymbol{\xi})}{\int_V \alpha_\infty(\boldsymbol{x}, \boldsymbol{\xi}) \mathrm{d}V} \tag{5-2}$$

式(5－2)保证了均匀局部场 $f(\boldsymbol{x}) = f$，在加权平均后得到的非局部场仍是均匀的，即 $\hat{f}(\boldsymbol{x}) = f$，且即使在临近边界时也是成立的。

常用的 $\alpha_\infty(\boldsymbol{x}, \boldsymbol{\xi})$ 有：

（1）双线性指数函数

$$\alpha_\infty(\boldsymbol{x}, \boldsymbol{\xi}) = e^{\frac{-|\boldsymbol{\xi}-\boldsymbol{x}|}{l}} \tag{5-3}$$

（2）Gauss 型分布函数

$$\alpha_\infty(\boldsymbol{x}, \boldsymbol{\xi}) = e^{\frac{-\pi(\boldsymbol{x}-\boldsymbol{\xi})^2}{l^2}} \tag{5-4}$$

（3）铃型函数

$$\alpha_\infty(\boldsymbol{x}, \boldsymbol{\xi}) = \begin{cases} \left[1-\dfrac{(\boldsymbol{x}-\boldsymbol{\xi})^2}{l^2}\right]^2, & \text{if } |\boldsymbol{x}-\boldsymbol{\xi}| \leqslant l \\ 0, & \text{if } |\boldsymbol{x}-\boldsymbol{\xi}| > l \end{cases} \tag{5-5}$$

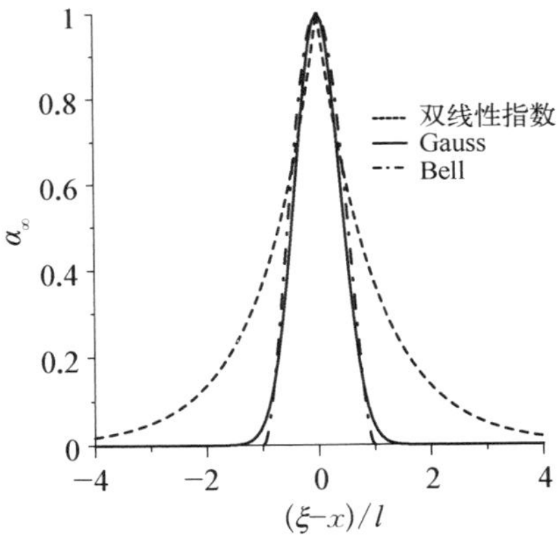

图 5-2　平均函数

式(5-3)—式(5-5)表示的平均函数如图 5-2 所示。从图中可以看出，在具有相同特征长度 l 的情况下，Gauss 型分布函数和铃型函数相似，而双线性指数函数的有效平均范围更大。

标准形式的非局部模型能有效正则化损伤软化导致的病态边值问题，然而对于塑性软化导致的病态边值问题则通常需要采用过非局部修正[224]形式。过非局部变量[187-188,224]定义为局部变量和非局部变量的加权平均，其中局部变量的权为一负数，非局部变量的权为大于 1 的数，定义为

$$\begin{aligned} \hat{f}_m(\boldsymbol{x}) &= (1-m)f(\boldsymbol{x}) + m\hat{f}(\boldsymbol{x}) \\ &= \int_V [(1-m)\delta(\boldsymbol{x}, \boldsymbol{\xi}) + m\alpha(\boldsymbol{x}, \boldsymbol{\xi})] f(\boldsymbol{\xi}) \mathrm{d}\boldsymbol{\xi} \end{aligned} \tag{5-6}$$

式中，$\delta(\boldsymbol{x}, \boldsymbol{\xi})$ 为 Dirac delta 函数；$m(m>1)$ 为过非局部变量的权，若 $m=0$ 或 $m=1$，式(5-6)分别退化为局部变量或非局部变量的标准形式，若 $0<m<1$，为次非局部变量，其正则化效果与标准非局部量相同。

5.3.2　热力学基础

由第 3 章可知，局部塑性模型是在以内变量为基础的热力学定律上导出的。非局部塑性理论可在其基础上，通过引入非局部变量修改自由能函数进行推广而得。在非局部理论中，自由能不仅与局部变量有关，而且与非局部变量也有关，引入非局部变量后，自由能表示为 $\psi(\boldsymbol{\varepsilon}, \boldsymbol{\varepsilon}_{\mathrm{p}}, \kappa, \hat{\boldsymbol{\varepsilon}}, \hat{\boldsymbol{\varepsilon}}_{\mathrm{p}}, \hat{\kappa})$，耗散能则视为是与局部模型相同的。由热力学第一定律，得到

$$\boldsymbol{\sigma}\dot{\boldsymbol{\varepsilon}}=\rho\frac{\partial\psi_{\mathrm{e}}}{\partial\boldsymbol{\varepsilon}}\dot{\boldsymbol{\varepsilon}}+\rho\frac{\partial\psi_{\mathrm{e}}}{\partial\boldsymbol{\varepsilon}_{\mathrm{p}}}\dot{\boldsymbol{\varepsilon}}_{\mathrm{p}}+\rho\frac{\partial\psi_{\mathrm{p}}}{\partial\kappa}\dot{\kappa}+\rho\frac{\partial\psi_{\mathrm{e}}}{\partial\tilde{\boldsymbol{\varepsilon}}}\dot{\tilde{\boldsymbol{\varepsilon}}}+$$
$$\rho\frac{\partial\psi_{\mathrm{e}}}{\partial\tilde{\boldsymbol{\varepsilon}}_{\mathrm{p}}}\dot{\tilde{\boldsymbol{\varepsilon}}}_{\mathrm{p}}+\rho\frac{\partial\psi_{\mathrm{p}}}{\partial\tilde{\kappa}}\dot{\tilde{\kappa}}+\boldsymbol{\sigma}_{\mathrm{p}}\dot{\boldsymbol{\varepsilon}}_{\mathrm{p}}+q\dot{\kappa} \tag{5-7}$$

式中，$\dot{\tilde{\boldsymbol{\varepsilon}}}=\dot{\hat{\boldsymbol{\varepsilon}}}-\dot{\boldsymbol{\varepsilon}}$，$\dot{\tilde{\boldsymbol{\varepsilon}}}_{\mathrm{p}}=\dot{\hat{\boldsymbol{\varepsilon}}}_{\mathrm{p}}-\dot{\boldsymbol{\varepsilon}}_{\mathrm{p}}$ 和 $\dot{\tilde{\kappa}}=\dot{\hat{\kappa}}-\dot{\kappa}$ 分别代表每个物质点上受周围物质点非局部平均影响的部分。若将每个材料点看成是孤立的，则 $\dot{\tilde{\boldsymbol{\varepsilon}}}$、$\dot{\tilde{\boldsymbol{\varepsilon}}}_{\mathrm{p}}$ 和 $\dot{\tilde{\kappa}}$ 都不存在，式 (5-7) 退化为式(3-7)所表示的局部模型。

非局部量的引入导致在每个孤立的物质点上热力学定律并不成立，这是由于非局部理论考虑了有限范围内独立物质点间的能量交换所造成的。若独立点间的能量交换限制在一个边界连通的区域 V 范围内，且区域内外没有能量交换，则对这个连通区域 V 整体而言，能量是平衡的，即

$$\int_V\boldsymbol{\sigma}\dot{\boldsymbol{\varepsilon}}\,\mathrm{d}x=\int_V\rho\dot{\psi}\,\mathrm{d}x+\int_V\dot{\varphi}\,\mathrm{d}x \tag{5-8}$$

式中，等号左边部分代表了总内功，在静力平衡条件下，等于外力做的功，右边第一项为总内能变化率，第二项为总能量耗散。与局部理论相比，式

(5-8)不能在任意小的局部区域内成立。局部能量平衡方程需改写为

$$\boldsymbol{\sigma}\dot{\boldsymbol{\varepsilon}} + P = \rho\dot{\psi} + \dot{\varphi} \tag{5-9}$$

式中，P 为非局部残量，代表所考虑的物质点与周围物质点交换的能量。在局部理论中，P 处处为零，式(5-9)退化为式(3-6)。在非局部理论中，P 只需满足式(5-10)。

$$\int_V P\,\mathrm{d}x = 0 \tag{5-10}$$

不论是局部模型还是非局部模型，能量耗散 φ 都要保证为非负，否则将不满足热力学第二定律。对于局部模型，这一条件即为局部形式 Clausius-Duhem 不等式，即

$$\boldsymbol{\sigma}\dot{\boldsymbol{\varepsilon}} - \rho\dot{\psi} \geqslant 0 \tag{5-11}$$

然而，非局部模型只能在整体上满足 Clausius-Duhem 不等式，即

$$\int_V \boldsymbol{\sigma}\dot{\boldsymbol{\varepsilon}}\,\mathrm{d}x - \int_V \rho\dot{\psi}\,\mathrm{d}x \geqslant 0 \tag{5-12}$$

值得注意的是在非局部理论中，由于非局部残量的存在，在局部区域内，$\boldsymbol{\sigma}\dot{\boldsymbol{\varepsilon}} - \rho\dot{\psi}$ 并不等同于 $\dot{\varphi}$，因而 Clausius-Duhem 不等式和能量耗散不等式 $\dot{\varphi} \geqslant 0$ 并非是等同的，然而在整个体积 V 而言，这两者却是等同的，V 的最小值即为材料的特征体积。

以上即为非局部模型的热力学基础，它为建立具体形式的非局部本构模型提供了一个理论基础。

5.3.3 一维非局部塑性本构关系

由于只有当把控制应变软化的内变量考虑为非局部变量，而将其他所有量均视为局部量才能使非局部理论适用于应变局部化问题。因此，在此后的内容中，仅将塑性软化模型中的等效塑性应变考虑为非局部变量，而

其他所有量仍视为局部量。

在一维情形，局部塑性软化模型描述为

$$\begin{cases}\dot{\sigma}=E(\dot{\varepsilon}-\dot{\varepsilon}^{\mathrm{p}})\\ F(\sigma,\ \varepsilon^{\mathrm{p}})=\sigma-\sigma_{\mathrm{y}}=\sigma-(\sigma_0+H\varepsilon^{\mathrm{p}})\end{cases} \tag{5-13}$$

式中，σ 为应力；ε 为应变；E 为弹性模量；$\dot{\varepsilon}^{\mathrm{p}}$ 为塑性应变率；F 为屈服函数；σ_{y} 为当前屈服应力；σ_0 为初始屈服应力；H 为塑性模量，当线性软化时，它为一负值的常数。

塑性应变的演化规律为

$$\dot{\varepsilon}^{\mathrm{p}}=\dot{\lambda}\frac{\partial F}{\partial\sigma}=\dot{\lambda} \tag{5-14}$$

加卸载条件为

$$\dot{\kappa}\geqslant 0,\ F(\sigma,\ \kappa)\leqslant 0,\ \dot{\kappa}F(\sigma,\ \kappa)=0 \tag{5-15}$$

根据过非局部理论，将式(5-13)中第二式中的局部塑性应变用响应的过非局部变量替代后，表述为

$$\begin{cases}\dot{\sigma}=E(\dot{\varepsilon}-\dot{\varepsilon}^{\mathrm{p}})\\ F=\sigma-(\sigma_0+H\hat{\varepsilon}_m^{\mathrm{p}})=0\end{cases} \tag{5-16}$$

式(5-14)—式(5-16)构成了一维非局部塑性本构模型的表达式。

5.4 动力波传播及应变局部化解析

5.4.1 局部模型

在线性硬化(或软化)时，根据式(5-13)，将一维增量型弹塑性应力应变关系表示为

$$\dot{\sigma}=\begin{cases}E\dot{\varepsilon}, & \varepsilon<\dfrac{\sigma_0}{E} \quad 弹性状态\\ \dfrac{EH}{E+H}\dot{\varepsilon}, & \varepsilon\geqslant\dfrac{\sigma_0}{E} \quad 塑性状态\end{cases} \tag{5-17}$$

应变率与速度场的关系为

$$\dot{\varepsilon}=\frac{\partial\dot{u}}{\partial x} \tag{5-18}$$

一维动力方程为[165]

$$\frac{\partial\dot{\sigma}}{\partial x}=\rho\frac{\partial^2\dot{u}}{\partial^2 t} \tag{5-19}$$

式中，ρ 为材料质量。

联立式(5－17)的第二式、式(5－18)和式(5－19)，并令 $C_{\mathrm{e}}=\sqrt{E/\rho}$，则有

$$\frac{E+H}{C_{\mathrm{e}}^2}\frac{\partial^2\dot{u}}{\partial t^2}-H\frac{\partial^2 u}{\partial x^2}=0 \tag{5-20}$$

显然，当 $H>0$（硬化）时，上式为双曲线型方程；当 $H<0$（软化）时，上式为椭圆形方程。下面，我们分析 H 对波传播特性的影响，速度场 $\dot{u}$ 对时间和空间的一阶导数 $\partial\dot{u}/\partial t$ 和 $\partial\dot{u}/\partial x$ 在 $x-t$ 平面的变化为

$$\begin{cases}\mathrm{d}\left(\dfrac{\partial\dot{u}}{\partial t}\right)=\dfrac{\partial^2 u}{\partial t^2}\mathrm{d}t+\dfrac{\partial^2 u}{\partial t\partial x}\mathrm{d}x\\ \mathrm{d}\left(\dfrac{\partial\dot{u}}{\partial x}\right)=\dfrac{\partial^2 u}{\partial t\partial x}\mathrm{d}t+\dfrac{\partial^2 u}{\partial x^2}\mathrm{d}x\end{cases} \tag{5-21}$$

联立式(5－20)和式(5－21)，即得到如下矩阵方程

$$\begin{bmatrix} \dfrac{E+H}{C_e^2} & 0 & -H \\ dt & dx & 0 \\ 0 & dt & dx \end{bmatrix} \begin{Bmatrix} \partial^2 u/\partial t^2 \\ \partial^2 u/\partial t \partial x \\ \partial^2 u/\partial x^2 \end{Bmatrix} = \mathbf{A} \begin{Bmatrix} \partial^2 u/\partial t^2 \\ \partial^2 u/\partial t \partial x \\ \partial^2 u/\partial x^2 \end{Bmatrix} = \begin{Bmatrix} 0 \\ d(\partial \dot{u}/\partial t) \\ d(\partial \dot{u}/\partial x) \end{Bmatrix} \tag{5-22}$$

求解 $\det(\mathbf{A}) = 0$，得到特征函数线方程

$$\frac{dx}{dt} = \pm C_e \sqrt{\frac{H}{E+H}} = v_p \tag{5-23}$$

因此，

$$v_p \text{ 为} \begin{cases} \text{实数} & H > 0 \\ \text{虚数} & -E < H < 0 \end{cases} \tag{5-24}$$

当材料软化时，且一般情况下，塑性模量满足 $-E<H<0$，此时，波速 v_p 将为虚数，波不能传播。在数学上讲，材料的软化使得微分方程丧失了双曲性，式(5－20)实际上已变为一个椭圆形方程。为使波得以传播，必须使波速 v_p 为实数。这就要求在数学上，需引入适当的正则化机制使式(5－20)保持为双曲形。针对不同软化机理，目前有多种正则化模型，如积分非局部或梯度损伤模型[189,225,227-228]、梯度塑性模型[229]和积分非局部塑性模型[143,188]。这里，我们将采用积分非局部理论考察软化塑性材料中波的传播行为和耗散特性，从而分析非局部理论正则化病态动力学方程的机理和效率。

5.4.2　非局部模型

将式(5－16)中第一式对 x 微分，联立式(5－16)中第二式、式(5－19)

和式(5-20),得

$$\begin{cases} E\left(\dfrac{\partial^2 \dot{u}}{\partial x^2}-\dfrac{\partial \dot{\varepsilon}_p}{\partial x}\right)=\rho\dfrac{\partial^2 \dot{u}}{\partial t^2} \\ \dot{F}=E\left(\dfrac{\partial \dot{u}}{\partial x}-\dot{\varepsilon}_p\right)-H\dot{\varepsilon}_p=0 \end{cases} \tag{5-25}$$

式(5-25)有频率为 ω 、波数为 k 的扰动谐波解,为

$$\begin{cases} \dot{u}(x,\ t)=\dot{u}_0 e^{i(kx-\omega t)} \\ \dot{\varepsilon}^p(x,\ t)=\dot{\varepsilon}_0^p e^{i(kx-\omega t)} \end{cases} \tag{5-26}$$

式中,u_0 和 ε_0^p 分别对应于初始状态的位移和塑性应变。

非局部塑性应变及对时间的导数分别为

$$\begin{cases} \hat{\varepsilon}_m^p(x)=(1-m)\varepsilon^p(x)+m\int_L \alpha(\xi-x)\varepsilon^p(\xi)d\xi \\ \dot{\hat{\varepsilon}}_m^p(x)=(1-m)\dot{\varepsilon}^p(x)+m\int_L \alpha(\xi-x)\dot{\varepsilon}^p(\xi)d\xi \end{cases} \tag{5-27}$$

用式(5-27)中第一式替代式(5-25)中的第二式后,式(5-25)变为

$$\begin{cases} E\left(\dfrac{\partial^2 \dot{u}}{\partial x^2}-\dfrac{\partial \dot{\varepsilon}_p}{\partial x}\right)=\rho\dfrac{\partial^2 \dot{u}}{\partial t^2} \\ \dot{F}=E\dfrac{\partial \dot{u}}{\partial x}-E\dot{\varepsilon}_p-H\dot{\hat{\varepsilon}}_p=0 \end{cases} \tag{5-28}$$

将谐波解(5-26)代入式(5-28),得

$$\begin{cases} \left[(Ek^2-\rho\omega^2)\dot{u}_0+Eik\dot{\varepsilon}_0^p\right]e^{i(kx-\omega t)}=0 \\ \left\{Eik\dot{u}_0-\left[E+H\left(1-m+\dfrac{m}{2l}A(k)\right)\right]\dot{\varepsilon}_0^p\right\}e^{i(kx-\omega t)}=0 \end{cases} \tag{5-29}$$

式中，$A(k)=\int_{-\infty}^{+\infty}\alpha_{\infty}(z)\mathrm{e}^{ikz}\mathrm{d}z$ 为 α_{∞} 在无限大区域内的傅里叶变换[185]。当采用的平均函数为双线性指数函数式(5 - 3)时，$A(k)$为

$$A(k)=\frac{2l}{k^{2}l^{2}+1} \tag{5-30}$$

式(5 - 29)定义了以 $\dot{u}_0$ 和 $\dot{\varepsilon}_0^{\mathrm{p}}$ 为未知数的两个方程组。它们有非零解的条件为方程组的系数矩阵行列式为零，即

$$-\left(1-m+\frac{m}{k^{2}l^{2}+1}\right)EHk^{2}+\left[E+H\left(1-m+\frac{m}{k^{2}l^{2}+1}\right)\right]\rho\omega^{2}=0 \tag{5-31}$$

求解上式后，得到角速度 ω 为

$$\omega=k\sqrt{\frac{EH\left(1-m+\frac{m}{k^{2}l^{2}+1}\right)}{\rho\left[E+H\left(1-m+\frac{m}{k^{2}l^{2}+1}\right)\right]}} \tag{5-32}$$

从而得到相速度 v_{p} 为

$$v_{\mathrm{p}}=\frac{\omega}{k}=\sqrt{\frac{EH\left(1-m+\frac{m}{k^{2}l^{2}+1}\right)}{\rho\left[E+H\left(1-m+\frac{m}{k^{2}l^{2}+1}\right)\right]}} \tag{5-33}$$

若要使波得以传播，相速度须为正实数。若相速度为虚数，则波失去传播特性，且将虚数相速度代入式 (5 - 26)时，扰动解将无限增大。为使相速度为实数，须满足

$$m>\frac{k^{2}l^{2}+1}{k^{2}l^{2}}>1 \tag{5-34}$$

以上分析同样适用于波在塑性硬化介质（$H>0$）中的传播特性研究。但硬化介质需满足 $0\leqslant m\leqslant 1$，波才能保持传播特性。因此，过非局部修正形式的塑性模型只适用于软化材料，不适用于硬化材料。

当 $v_p=0$，$\omega=0$ 时，式(5-31)将发生分叉，相应于

$$\left[1-m+\frac{m}{k^2l^2+1}\right]EHk^2=0 \tag{5-35}$$

满足式(5-35)的波数为临界波数 k_{cr}：

$$k_{cr}=\frac{1}{l}\sqrt{\frac{1}{m-1}} \tag{5-36}$$

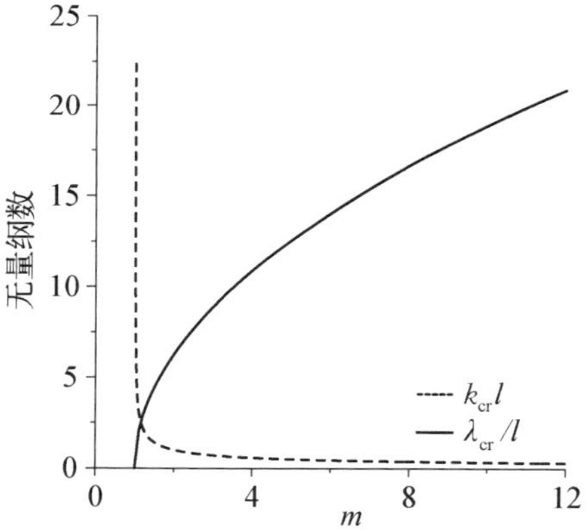

图 5-3　过非局部模型中 m 对临界波数 k_{cr} 和临界波长 λ_{cr} 的影响

图 5-3 为非局部模型中 m 对临界波数 k_{cr} 和临界波长 λ_{cr} 的影响曲线。由于波数不可能为负，因而要使式(5-36)得到满足，须使得 $l>0$，$m\geqslant 1$。

通过临界波数可得到临界波长 λ_{cr} 为

$$\lambda_{cr}=\frac{2\pi}{k_{cr}}=2\pi l\sqrt{m-1} \tag{5-37}$$

在动力情形，应变局部化带宽由 λ_{cr} 决定。从式(5-37)可以看出，当 $l=0$ 或 $m=0$（局部理论）时，λ_{cr} 将趋于0，表明应变局部化集中分布于一个无限小的带内；当 $0<m<1$，λ_{cr} 无意义；当 $m=1$（非局部理论标准形式）时，对任意 k 值，式(5-31)中的第一项都不可能为零，因而 ω 也不可能为零，这将导致加载波不能形成驻波，应变局部化不会发生；当 $m>1$（过非

局部理论)时，应变局部化集中在一个有限宽度的区域内。带宽和各参数间的关系如图 5-3 所示，带宽将随 l 和 m 的增大而增大。当 m 趋近于 1 或 l 趋近于 0 时，过非局部模型变成标准非局部模型或局部模型，λ_{cr} 趋近于 0。式(5-33)同时也表明了谐波波速依赖于波数 k，保持了波的传播耗散特性。

以上动力分析表明，在采用软化模型时，过非局部变量的引入能使动力学方程保持双曲性质，保持了波的传播和耗散特性。

5.5　静力应变局部化分析

5.5.1　等截面拉杆应变局部化分析

等截面拉杆应变局部化问题如图 5-4 所示，杆长为 L。de Borst 和 Mühlhaus[138]用梯度塑性和梯度损伤理论对其进行了分析。这里，我们将用积分型非局部塑性理论对其进行分析。为了不失一般性，假定应变局部化起始于杆中心 ($x=0$)，杆两端($x=-L/2$, $x=L/2$) 分别受位移加载 ($-u/2$, $u/2$)。

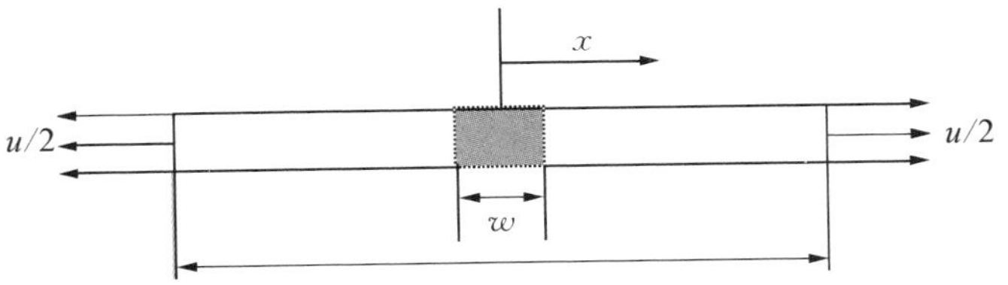

图 5-4　一维等截面拉杆

将式(5-17)写为全量型的应力应变关系为

$$\sigma=\begin{cases} E\varepsilon, & \varepsilon<\dfrac{\sigma_0}{E} \quad 弹性 \\[2ex] \dfrac{EH}{E+H}\varepsilon+\dfrac{E\sigma_0}{E+H}, & \varepsilon\geqslant\dfrac{\sigma_0}{E} \quad 塑性 \end{cases} \tag{5-38}$$

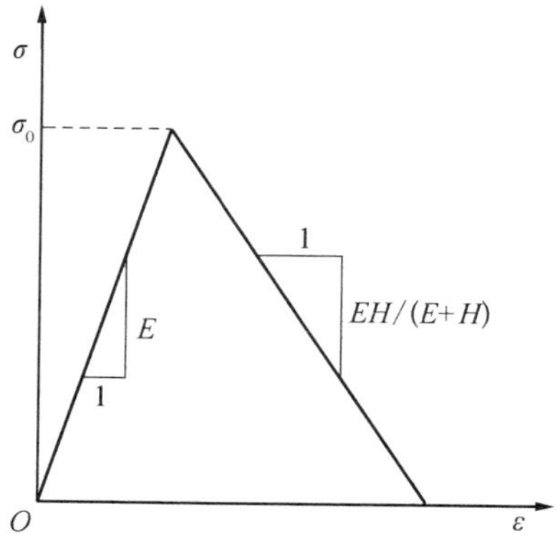

图 5-5 应力应变关系

式(5-38)表示的应力应变关系如图 5-5 所示。

为满足杆的静力平衡条件,应力须在整个杆中是均匀分布的。刚开始加载时,杆处于弹性阶段,杆中应力随着位移的增加而线性增加。当杆中应力达到屈服应力后,应变局部化发生,局部化带内区域进入塑性加载状态,材料软化使得应力开始降低,并导致带外区域处于弹性卸载状态。由于缺少一个长度参数,局部塑性理论不能反映局部化带宽,这将导致杆内加卸载区域比例无法确定,从而导致解不唯一。为解决这一问题,需引入一个尺度参数来反映并固定局部化带宽度。下面,我们将通过非局部理论引入特征长度,对拉杆应变局部化问题进行分析。

采用过非局部修正形式的塑性模型时,将式(5-16)中第二式表示为

$$\begin{aligned} F &= \sigma - \sigma(\hat{\varepsilon}^{\mathrm{p}}_m) = \sigma - \sigma_0 - H\hat{\varepsilon}^{\mathrm{p}}_m \\ &= \sigma - [\sigma_0 + (1-m)H\varepsilon^{\mathrm{p}} + mH\hat{\varepsilon}^{\mathrm{p}}] = 0 \end{aligned} \tag{5-39}$$

式中,$\hat{\varepsilon}^{\mathrm{p}}_m$ 为过非局部塑性应变;ε^{p} 和 $\hat{\varepsilon}^{\mathrm{p}}$ 分别为局部和非局部塑性应变;m 为衡量局部量和非局部量之间比例的过非局部权。不同于局部模型中的屈服函数,式(5-39)为一个积分方程。联立式(5-38)和式(5-39),得

$$\frac{\sigma - \sigma_0}{H(1-m)} = \varepsilon^{\mathrm{p}}(x) + \frac{m}{2l(1-m)}\int_{-L/2}^{L/2} \mathrm{e}^{\frac{-|\xi - x|}{l}}\varepsilon^{\mathrm{p}}(\xi)\mathrm{d}\xi \tag{5-40}$$

式中,由于应变局部化区域远离边界,因而边界效应可以忽略。式(5-40)可转化为如下二阶常微分方程求解(见附录)。

$$\frac{\partial^2 \varepsilon^{\mathrm{p}}(x)}{\partial x^2} + \frac{1}{l^2(m-1)}\varepsilon^{\mathrm{p}}(x) = \frac{\sigma - \sigma_0}{Hl^2(m-1)} \tag{5-41}$$

由于塑性应变只在局部化带内存在，而带宽 w 尚未确定，因而施加边界条件的位置也是未知的，令塑性应变在未知弹塑性边界 $x=\pm w/2$ 上为零，即

$$\varepsilon^{\mathrm{p}}(\pm w/2)=0 \tag{5-42}$$

为保持方程的定解性质，还需引入附加边界条件，即

$$\varepsilon_{x}^{\mathrm{p}}(\pm w/2)=0 \tag{5-43}$$

式(5-42)和式(5-43)表明塑性应变及塑性应变梯度在弹塑性边界须为零。

从附录 A 可知，式(5-41)的解依赖于 $\Delta=1/[l^2(5-m-1)]$ 的正负，也即 m 的大小，分三种情况：

(1) $m<1$ $(\Delta<0)$

考虑到局部化变形区域的对称性，仅保留式(5-A7)中的对称部分，得到式(5-41)的解为

$$\varepsilon^{\mathrm{p}}(x)=C\cosh\left(\frac{x}{d}\right)+\frac{(\sigma-\sigma_0)}{H} \tag{5-44}$$

式中，$d=l\sqrt{m-1}$，称为广义特征长度。将边界条件式(5-42)和式(5-43)代入式(5-44)，得出 $C=0$ 或 $w=0$。前者对应于均匀解，即得不到应变局部化解。后者导致塑性应变集中于一点。因此，当 $m<1$ 时，非局部理论不适用于应变局部化分析。

(2) $m>1$ $(\Delta>0)$

同样地，只保留式(A-10)中的对称项，式(5-41)的解为

$$\varepsilon^{\mathrm{p}}(x)=C\cos\left(\frac{x}{d}\right)+\frac{(\sigma-\sigma_0)}{H} \tag{5-45}$$

将边界条件式(5-42)和式(5-43)代入式(5-44),得到积分常数 C 为

$$C=(\sigma-\sigma_0)/H \tag{5-46}$$

同时,得到应变局部化带的宽度为

$$w=2\pi d=2\pi l\sqrt{m-1} \tag{5-47}$$

式(5-47)表明局部化带宽,也即塑性区的大小仅由 d 决定,而与应力、应变和弹塑性模量无关。对比式(5-37)和式(5-47)表明,静力应变局部化带宽度与动力情形临界波长 λ_{cr} 具有相同的表达式。

将式(5-46)和式(5-47)代入式(5-44),得到塑性应变为

$$\varepsilon^p(x)=\frac{(\sigma-\sigma_0)}{H}\left[1+\cos\left(\frac{x}{d}\right)\right]\quad -\pi\leqslant\frac{x}{d}\leqslant\pi \tag{5-48}$$

下面检验所得的塑性应变分布是否能够满足屈服方程。通过联立式(5-6)和式(5-48),可得过非局部塑性应变为

$$\begin{aligned}\hat{\varepsilon}^{\mathrm{p}}_m(x)&=(1-m)\varepsilon^{\mathrm{p}}(x)+m\hat{\varepsilon}^{\mathrm{p}}(x)\\&=(1-m)\varepsilon^{\mathrm{p}}+\frac{m}{2l}\int_{x-R}^{x+R}\mathrm{e}^{\frac{-|\xi-x|}{l}}\varepsilon^{\mathrm{p}}(\xi)\mathrm{d}\xi\\&=(1-m)\varepsilon^{\mathrm{p}}(x)+\frac{m}{2l}\cdot\left\{\int_{x-R}^{x}\mathrm{e}^{\frac{-(x-\xi)}{l}}\left[1+\cos\left(\frac{\xi}{d}\right)\right]\mathrm{d}\xi+\right.\\&\qquad\left.\int_{x}^{x+R}\mathrm{e}^{\frac{-(\xi-x)}{l}}\left[1+\cos\left(\frac{\xi}{d}\right)\right]\mathrm{d}\xi\right\}=\frac{\sigma-\sigma_0}{H}\end{aligned} \tag{5-49}$$

显然,式(5-49)是满足屈服函数式(5-39)的。

(3) $m=1$

当 $m=1$ (标准非局部理论),式(5-39)成为一个第一类 Fredholm 方程,它的解可通过令 $m\to1$ 得到。与情形(1)相同,它得到的解是均匀解,应

变局部化带宽为零，从而得不到应变局部化解。

以上分析表明，通过求解一个第二类 Fredholm 方程可以得到静力应变局部化问题的解，且得到的局部化带宽度和与动力扰动分析得到的临界波长表达式是一致的。同时，动力和静力分析都表明只有在采用过非局部理论 ($m > 1$) 时，非局部理论才能解决各自的问题。

在得到塑性应变分布后，可以得到荷载响应的解析解。在式(5-48)中加上弹性应变后，带内和带外总的应变分别为

$$\varepsilon(x)=\begin{cases}\dfrac{\sigma}{E}+\varepsilon^{\mathrm{p}}(x)=\dfrac{\sigma}{E}+\dfrac{(\sigma-\sigma_0)}{H}\left[1+\cos\left(\dfrac{x}{d}\right)\right] & -\pi\leqslant\dfrac{x}{d}\leqslant\pi\\ \dfrac{\sigma}{E} & \dfrac{x}{d}<-\pi\ 或\ \dfrac{x}{d}>\pi\end{cases}\tag{5-50}$$

对式(5-50)进行积分，得到荷载响应为

$$u=2\int_0^{w/2}\varepsilon^{\mathrm{p}}(x)dx+\frac{\sigma}{E}L\tag{5-51}$$

将式(5-48)代入式 (5-51)，积分后得到

$$u=\frac{(\sigma-\sigma_0)}{H}2\pi d+\frac{\sigma}{E}L\tag{5-52}$$

联立式(5-48)和式(5-52)，得到塑性应变与施加位移的关系为

$$\varepsilon^{\mathrm{p}}(x)=\frac{\dfrac{u}{L}-\dfrac{\sigma_0}{E}}{2\pi\dfrac{d}{L}+\dfrac{H}{E}}\left[1+\cos\left(\frac{x}{d}\right)\right]\qquad -\pi\leqslant\frac{x}{d}\leqslant\pi,\ u>\frac{\sigma_0}{E}L\tag{5-53}$$

当 $E=20\,\text{GPa}$，$H=-2.0\,\text{GPa}$，$\sigma_0=10\,\text{MPa}$，$L=10\,\text{cm}$，$A=10\,\text{cm}^2$ 时，得到塑性应变分布和演化如图 5-6 所示。非局部理论使塑性应变集中在一个带宽固定的局部化变形区域，并在带内呈余弦函数光滑分布。

由式(5-52)，得到荷载响应关系为

$$F=\left(\frac{u+\dfrac{2\pi d\sigma_0}{H}}{\dfrac{2\pi d}{H}+\dfrac{L}{E}}\right)A \tag{5-54}$$

式(5-54)表示的荷载响应关系如图 5-7 所示。从图中可看出，荷载响应关系依赖于广义特征长度与杆件长度的比例，当广义特征长度保持一定时，荷载响应关系将依赖于杆件长度，反映出尺寸效应。

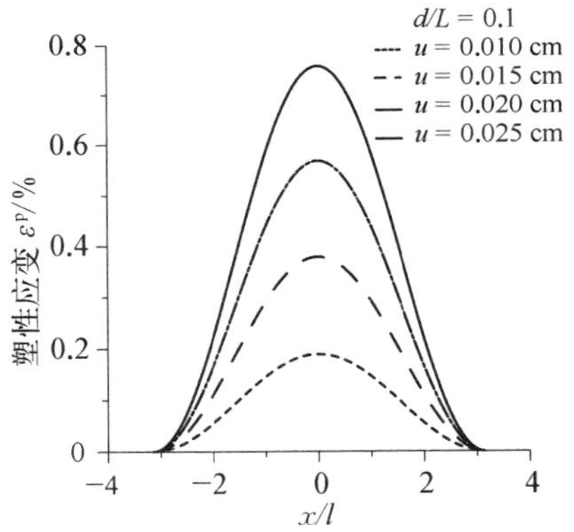

图 5-6　应变局部化带内塑性应变的分布和发展(应变局部化带宽 w=6.28 cm)

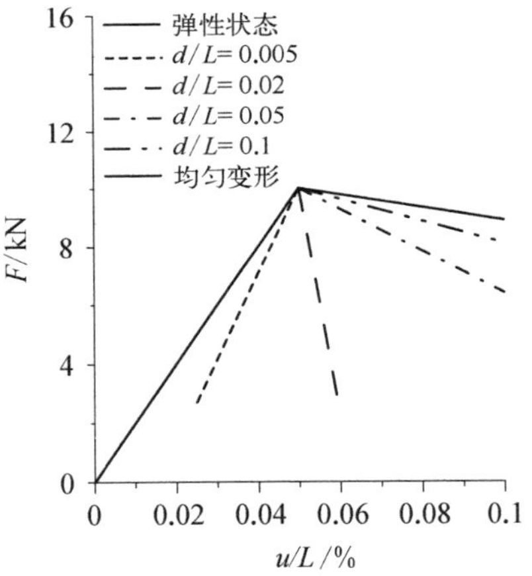

图 5-7　尺度参数 d 对荷载响应关系的影响

从图 5-7 中可以看出，当 d 足够大时，荷载响应关系与应力应变关系相似；然而当 d 较小时，塑性曲线将变得越来越陡，甚至会导致回拉现象，为避免回拉，d 须满足

$$d > -\frac{HL}{2\pi E} \tag{5-55}$$

此外，应变局部化带宽还须小于整个杆的长度，即 $w < L$，则 d 须满足

$$-\frac{HL}{2\pi E} < d < \frac{L}{2\pi} \tag{5-56}$$

以上分析表明，非局部理论能否用于解决静力应变局部化问题完全取决于 m 的取值。当 $m \leqslant 1$ 时，非局部理论得到的局部化带宽度为零，是均匀的变形模式；只有当 $m > 1$ 时，塑性应变才能集中于由广义特征长度 d 决定的有限宽度范围内且呈光滑分布；当 d 确定后，塑性应变分布得以确定，在当外部尺度也确定时，就可以唯一确定整体的荷载响应关系。

5.5.2　非等截面拉杆应变局部化分析

在第 5.5.1 节等截面拉杆应变局部化解析解的基础上，我们通过分析一个非等截面杆的应变局部化问题（图 5－8）来探讨外部尺度对应变局部化的影响。令杆的截面的分布规律为

$$A(x) = \frac{A_c}{\cos\left(\dfrac{x}{K}\right)} \tag{5-57}$$

式中，A_c 为杆中心的截面面积；K 为一个外部尺度，它控制了杆的截面面积的变化率，为保证 $A(L/2) > 0$，K 须满足

$$K > \frac{L}{\pi} \tag{5-58}$$

平衡条件要求力在整个杆内是均布的，因而沿杆的应力分布为

$$\sigma(x) = \frac{A_c}{A}\sigma_c = \sigma_c \cos\left(\frac{x}{K}\right) \tag{5-59}$$

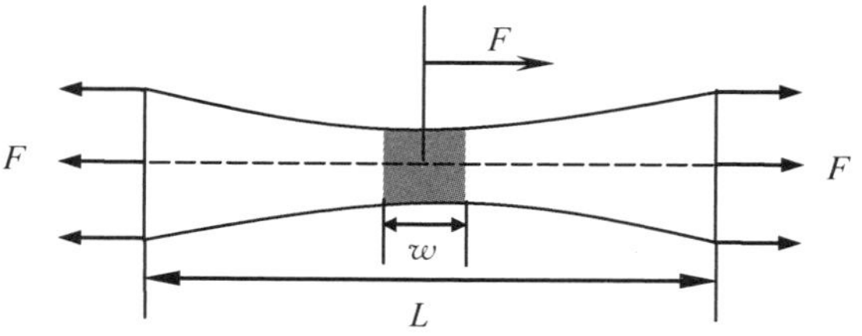

图 5-8　非等截面拉杆

将式(5-59)代入式(5-45)，得到方程的解为

$$\varepsilon^{\mathrm{p}}(x)=C\cos\left(\frac{x}{d}\right)+A\cos\left(\frac{x}{K}\right)-\frac{\sigma_0}{H} \tag{5-60}$$

式中，

$$A=\frac{\sigma_{\mathrm{c}}}{H(m-1)}\frac{\dfrac{1}{l^2}+\dfrac{1}{K^2}}{\dfrac{1}{(m-1)l^2}-\dfrac{1}{K^2}} \tag{5-61}$$

在施加边界条件(式(5-42)和式(5-43))后，得到

$$-\frac{Ad}{K}\frac{\sin\left(\dfrac{w}{2K}\right)}{\sin\left(\dfrac{w}{2d}\right)}\cos\left(\frac{w}{2d}\right)+A\cos\left(\frac{w}{2K}\right)-\frac{\sigma_0}{H}=0 \tag{5-62}$$

以及常数 C 为

$$C=-\frac{Ad}{K}\frac{\sin\left(\dfrac{w}{2K}\right)}{\sin\left(\dfrac{w}{2d}\right)} \tag{5-63}$$

式(5-62)表明局部化带宽 w 依赖于特征长度 l 、外部尺度 K 和应力水平。由于式(5-62)给出的是一个 w/l 对 K 隐式方程，对其进行数值求解后得到局部化带宽度与外部尺度 K 的关系如图 5-9 所示。从图中可以

看出，当 K 较小时，w/l 随 K 的增加而迅速增加；当 K 接近 $10l$ 时，w/l 几乎保持不变，趋近于第 5.5.1 节中等截面拉杆应变局部化的结果。原因在于当 K 很大时，拉杆的截面面积变化率很小，杆件横截面积几乎与等截面杆横截面积相同，因而所得结果在当 K 越大时，越接近于等截面拉杆的计算结果。

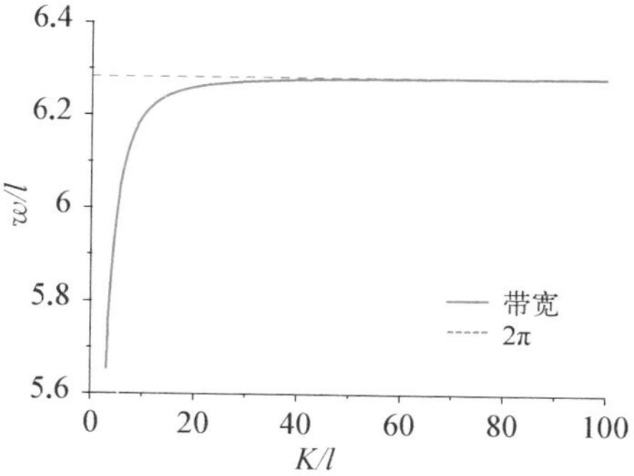

图 5 - 9　外部尺度对局部化带宽的影响 ($\sigma_c/\sigma_0 = 0.6$)

与等截面拉杆所得结果不同的是局部化带宽 w 还依赖于杆中应力水平。如图 5 - 10 所示，在杆刚进入塑性状态时，$\sigma_c = \sigma_0$，w/l 最小；随着 σ_c 减小，带宽增大，这表明局部化塑性变形区域随着加载的继续而扩张；当应力降低到零时，w 趋近于等截面杆得到的结果，这说明当内部尺度 l 保持一定时，局部化塑性变形最终变形区域的尺寸将保持一定。

在得到局部化带宽度和常数 C 后，代入式(5 - 60)即可得到塑性变形的分布规律，如图 5 - 11 所示。从图中可以看出，带内塑性应变峰值随 K

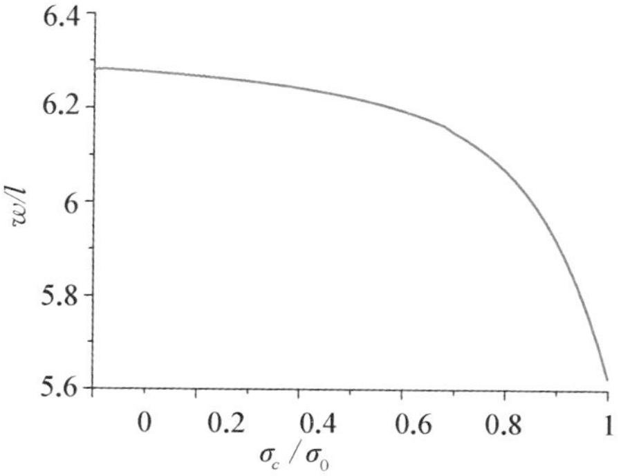

图 5 - 10　杆内应力水平对局部化带宽的影响($K/l=10$)

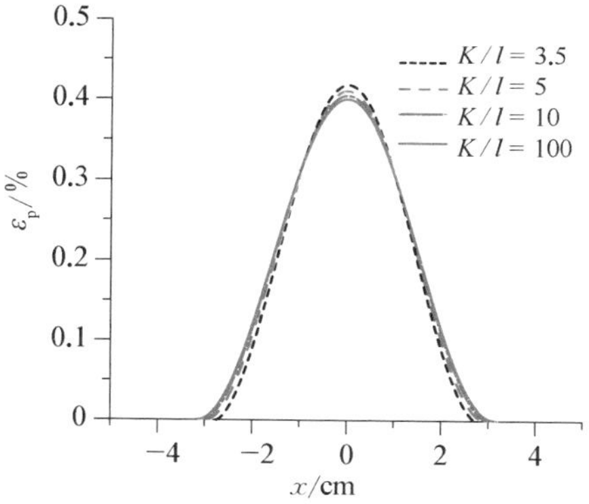

图 5 - 11　外部尺度对塑性应变分布的影响 ($\sigma_c/\sigma_0 = 0.6$)

的增加而减小，正好补偿了带宽随着 K 的增大而导致的增加部分。

在附加弹性应变后，杆内总应变分布为

$$\varepsilon(x)=\begin{cases}\dfrac{\sigma_c\cos\left(\dfrac{x}{K}\right)}{E}-\dfrac{Ad}{K}\dfrac{\sin\left(\dfrac{w}{2K}\right)}{\sin\left(\dfrac{w}{2d}\right)}\cos\left(\dfrac{x}{d}\right)+A\cos\left(\dfrac{x}{K}\right)-\dfrac{\sigma_0}{H} \\ \qquad\qquad -\dfrac{w}{2}\leqslant x\leqslant\dfrac{w}{2} \\ \dfrac{\sigma_c\cos\left(\dfrac{x}{K}\right)}{E} \qquad x<-\dfrac{w}{2},\quad \text{or}\quad x>\dfrac{w}{2}\end{cases} \tag{5-64}$$

对式(5－64)积分后，得到荷载响应的关系为

$$u=\left(AK-\frac{Ad^2}{K}\right)\sin\left(\frac{w}{2K}\right)-\frac{w\sigma_0}{2H}+\frac{\sigma_c}{E}K\sin\left(\frac{L}{2K}\right) \tag{5-65}$$

式(5－65)表明在非等截面杆的应变局部化问题中，荷载响应不仅依赖于内部尺度(材料的特征长度)，还受外部尺度影响，如图 5－12 所示。外部尺度 K 越大，要达到弹性极限需要的变形就越大。局部化变形发生后，带内继续塑性加载，由于材料的软化效应，杆中力开始降低，带外弹性卸载。杆表现出的整体软化趋势随着 K 的变化而变化，K 越大，软化速度越快。然而，荷载响应曲线在不同 K 值条件下最终到达相同点，这是由于内部尺度一定，最终的应变局部化变形形态保持一定造成的。从以上分析可看出，外部尺度只影响应变局部化的发展过程，而最终形态却只由内部尺度决定。

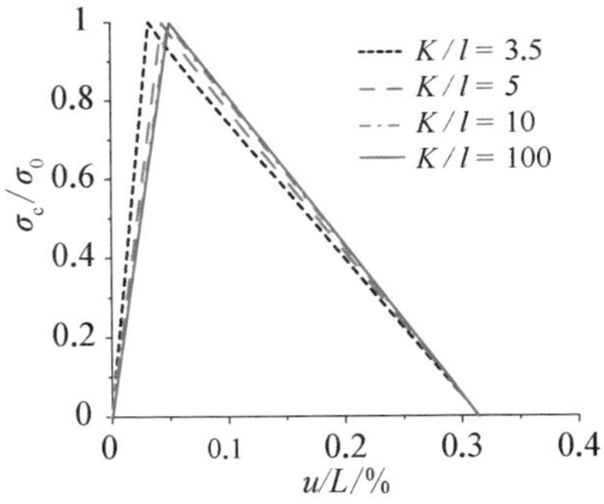

图 5－12　外部尺度对荷载响应的影响

5.6 本章小结

动力波传播分析和静力应变局部化分析表明,非局部理论的标准形式不能正则化塑性软化导致的病态初值和边值问题,需采用过非局部修正形式才有效。通过求解一个第二类 Fredholm 方程得到一维拉杆应变局部化问题的塑性应变分布和荷载响应解析解,为数值分析提供了参考。通过非等截面拉杆应变局部化问题的分析,研究了外部尺度对应变局部化形成过程的影响,分析结果表明局部化带宽在发展过程中依赖于内部尺度,外部尺度和应力水平,而最终大小却只由内部尺度决定。

第6章 一维应变局部化数值解及谱分析

6.1 概　　述

由于缺少一个反映材料内部微结构变化的特征长度，基于传统连续介质模型建立的局部塑性软化模型不能反映出应变局部化带宽，在有限元模拟时，随着网格的细化，带宽随单元尺寸的减小而减小，从而得到不符合物理实际的计算结果[129-130]，这就是所谓的网格敏感性[131]。在数学上来说，导致问题的根本原因在于当采用软化型本构模型时，控制偏微分方程形态将在局部区域变形，从而导致边值出现病态，需进行正则化后才能求解。目前，正则化机制有多种，通过材料本构模型引入特征长度是采用较多且较合理的正则化技术[231-232]，它通过引入特征长度来固定应变局部化带宽[165]，从而有效克服解的网格敏感性，保证计算结果的有效性[184]。

第 5 章的分析，表明了非局部理论能够阻止材料软化时动力学方程的变形，静力分析表明了非局部理论能固定局部化带宽，并使得带内塑性应变呈光滑分布。本章主要研究非局部理论克服有限元数值解网格敏感性的有效性。为提供对比，首先用局部塑性软化理论对一维应变局部化问题进行有限元分析，然后再利用非局部理论进行分析，分析特征长度的引入对数值分析结果的改进，并通过与第 5 章的解析解对比，验证数值解的有效性。最后，对离散系统进行谱分析，找出了局部塑性软化模型导致数值解网格敏感性的本质和非局部理论正则化的机制和效率。

6.2　有限元方程及谱分析

6.2.1　偏维分方程离散

一般地，静力问题归结为偏微分方程(PDE)边值问题(BVP)，描述为

$$\begin{cases} \sigma_{ji,i} + f_i = 0, & \forall \boldsymbol{x} \in \Omega \quad \text{(平衡方程)} \\ \sigma_{ij} n_j = h_i, & \forall \boldsymbol{x} \in \Gamma_{\mathrm{h}} \quad \text{(力的边界条件)} \\ u_i = g_i, & \forall \boldsymbol{x} \in \Gamma_{\mathrm{g}} \quad \text{(位移边界条件)} \end{cases} \tag{6-1}$$

式(6－1)所代表的边值问题如图 6－1 所示。式中，Ω 为所要分析的整个区域；$\Gamma = \Gamma_{\mathrm{h}} \cup \Gamma_{\mathrm{g}} \cup \Gamma_{\mathrm{free}}$ 为边界，其中 Γ_{h} 为力的边界，Γ_{g} 为位移边界，Γ_{free} 为自由边界；σ_{ij} 为应力；f_i 为体积力；u_i 为位移；n_j 是边界 Γ_{h} 的法向单位向量；h_i 是 Γ_{h} 上作用的力；g_i 为 Γ_{g} 上的位移。

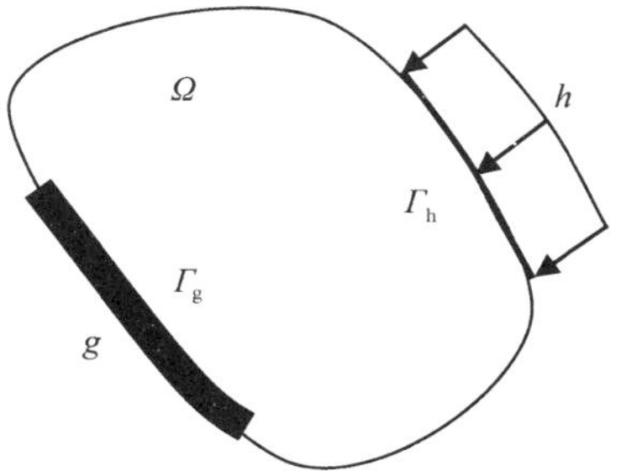

图 6－1　边值问题示意图

若所建立的 PDEs 是适定的，则称建立的模型能合理反映物理现象的本质，从而采用有限元法数值求解的结果是有效的。

将式(6－1)表示为如下积分的形式

$$\int_{\Omega} \sigma_{ji,i} w_i \mathrm{d}\Omega + \int_{\Omega} f_i w_i \mathrm{d}\Omega = \int_{\Gamma} h_i w_i \mathrm{d}\Omega - \int_{\Omega} \sigma_{ji} w_{i,j} \mathrm{d}\Omega + \int_{\Omega} f_i w_i \mathrm{d}\Omega = 0 \tag{6-2}$$

式中，$w \in W\{w,\ w(x)=0 \text{ on } \Gamma_g\}$，由于 σ_{ji} 是对称的，式(6-2)又可写为

$$\int_\Omega \sigma_{ij} w_{i,j} \mathrm{d}\Omega = \int_\Gamma h_i w_i \mathrm{d}\Omega + \int_\Omega f_i w_i \mathrm{d}\Omega \tag{6-3}$$

若将整个荷载加载量视为整体时间范围 $[0,\ T]$，对于采用增量有限元进行求解的情形，需要将总的时间范围分解为一系列时间区间，即 $[0,\ T] = \bigcup_{n=1}^{M} [t_n,\ t_{n+1}]$，在 t_n 时刻，所有的量都是已知的，需要计算在 t_{n+1}($t_{n+1} = t_n + \Delta t_n$) 时刻的各量，令 t_{n+1} 时刻式(6-3)满足，即

$$\int_\Omega \sigma_{ij}(t_{n+1}) w_{i,j} \mathrm{d}\Omega = \int_\Gamma h_i(t_{n+1}) w_i \mathrm{d}\Omega + \int_\Omega f_i(t_{n+1}) w_i \mathrm{d}\Omega \tag{6-4}$$

相对于 t_n 时刻，t_{n+1} 时刻的 Cauchy 应力增量为 $\Delta\sigma_{ij}^{n+1}$，位移增量为 Δu_k^{n+1}，从而增量型的应力应变关系为

$$\Delta\sigma_{ij}^{n+1} = D_{ijkl}^{n+1} \Delta\varepsilon_{kl}^{n+1} = D_{ijkl}^{n+1} \Delta u_{k,l}^{n+1} \tag{6-5}$$

式中，$\Delta\sigma_{ij}^{n+1} = \sigma_{ij}^{n+1} - \sigma_{ij}^{n}$；$\Delta u_k^{n+1} = u_k^{n+1} - u_k^{n}$。

联立式(6-4)和式(6-5)，得到

$$\begin{aligned}\int_\Omega D_{ijkl}^{n+1} \Delta u_{k,l}^{n+1} w_{i,j} \mathrm{d}\Omega = \int_\Gamma h_i^{n+1} w_i \mathrm{d}\Omega + \int_\Omega f_i^{n+1} w_i \mathrm{d}\Omega - \\ \int_\Omega \sigma_{ij}^{n} w_{i,j} \mathrm{d}\Omega \quad \forall w(x) \in W\end{aligned} \tag{6-6}$$

将增量位移场 $\Delta u(x)$ 和变分场 $w(x)$ 离散为

$$\begin{cases}\Delta \boldsymbol{u}_n(x) = \boldsymbol{N}_C(x)\boldsymbol{g}_C^n + \boldsymbol{N}_A(x)\boldsymbol{u}_n^A & A \in E - E_g, C \in E_g \\ \boldsymbol{w}(x) = \boldsymbol{N}_B(x)\boldsymbol{w}_B & B \in E - E_g\end{cases} \tag{6-7}$$

式中，E 为所有结点的集合；E_g 为 Γ_g 的结点集合；$\boldsymbol{g}_C$ 为结点 C 上所加的位移。根据式(6-7)，并利用应变矩阵 $\boldsymbol{B}$ ($\varepsilon(x) = \boldsymbol{B}(x)\boldsymbol{d}$)，式(6-6)可写为

$$\int_{\Omega}\boldsymbol{B}^{B}\boldsymbol{w}^{B}\boldsymbol{D}^{n+1}\boldsymbol{B}^{A}\Delta u^{n+1}\mathrm{d}\Omega=\int_{\Gamma_{\mathrm{h}}}\boldsymbol{h}^{n+1}\boldsymbol{N}_{B}\boldsymbol{w}^{B}\mathrm{d}\Omega+\int_{\Omega}\boldsymbol{f}^{n+1}\boldsymbol{N}_{B}\boldsymbol{w}^{B}\mathrm{d}\Omega-$$
$$\int_{\Omega}\boldsymbol{B}_{B}^{\mathrm{T}}\boldsymbol{D}^{n}\boldsymbol{B}^{C}g_{n+1}^{C}\mathrm{d}\Omega-\int_{\Omega}\boldsymbol{w}^{B}\boldsymbol{B}_{B}^{\mathrm{T}}\boldsymbol{\sigma}_{n}\mathrm{d}\Omega \tag{6-8}$$

由于式(6－8)对于任意 $\boldsymbol{w}^{B}$ 均成立，于是可得

$$\Delta\boldsymbol{u}_{n+1}^{A}\int_{\Omega}\boldsymbol{B}_{B}^{\mathrm{T}}\boldsymbol{D}^{n+1}B_{A}\mathrm{d}\Omega=\int_{\Omega}\boldsymbol{f}_{i}^{n+1}\boldsymbol{N}_{B}\mathrm{d}\Omega+\int_{\Gamma_{\mathrm{h}}}\boldsymbol{h}_{i}^{n+1}\boldsymbol{N}_{B}\mathrm{d}\Omega-$$
$$\int_{\Omega}\boldsymbol{B}_{B}^{\mathrm{T}}\boldsymbol{D}^{n}\boldsymbol{B}^{C}g_{n+1}^{C}\mathrm{d}\Omega-\int_{\Omega}\boldsymbol{B}_{B}^{\mathrm{T}}\boldsymbol{\sigma}_{n}\mathrm{d}\Omega \tag{6-9}$$

最后，可得到如下离散增量平衡方程

$$\boldsymbol{K}_{n+1}\Delta\boldsymbol{u}^{n+1}=\boldsymbol{f}_{\mathrm{ext}}^{n+1}-\boldsymbol{f}_{\mathrm{int}}^{n}=\Delta\boldsymbol{R}_{n+1} \tag{6-10}$$

式中，总体刚度矩阵为

$$\boldsymbol{K}_{n+1}=\int_{\Omega}\boldsymbol{B}_{B}^{\mathrm{T}}\boldsymbol{D}^{n+1}\boldsymbol{B}_{A}\mathrm{d}\Omega \tag{6-11}$$

外力为

$$\boldsymbol{f}_{\mathrm{ext}}^{n+1}=\int_{\Omega}\boldsymbol{f}_{i}^{n+1}\boldsymbol{N}_{B}\mathrm{d}\Omega+\int_{\Gamma_{\mathrm{h}}}\boldsymbol{h}_{i}^{n+1}\boldsymbol{N}_{B}\mathrm{d}\Omega-\int_{\Omega}\boldsymbol{B}_{B}^{\mathrm{T}}\boldsymbol{D}^{n}\boldsymbol{B}^{\mathrm{C}}g_{n+1}^{\mathrm{C}}\mathrm{d}\Omega \tag{6-12}$$

内力为

$$\boldsymbol{f}_{\mathrm{int}}^{n}=\int_{\Omega}\boldsymbol{B}_{B}^{\mathrm{T}}\boldsymbol{\sigma}_{n}\mathrm{d}\Omega \tag{6-13}$$

6.2.2　增量非线性方程组求解

在有限元计算过程中，需要在 t_{n+1} 时刻对离散后的平衡方程式(6－10)求解。一般地，这是一个非线性方程，一般采用迭代法求解，将式(6－10)改写为

$$\psi = \boldsymbol{K}_{n+1} \Delta \boldsymbol{u}^{n+1} - \Delta R_{n+1} = 0 \tag{6-14}$$

假设式(6-14)在第 i 次迭代时的近似解 $\Delta \boldsymbol{u}_i^{n+1}$ 已经得到，然而代入式(6-14)后并不能精确满足 $\psi(\Delta \boldsymbol{u}_i^{n+1}) = 0$。将 $\psi(\Delta \boldsymbol{u}_{i+1}^{n+1}) = 0$ 在 $\Delta \boldsymbol{u}_i^{n+1}$ 处按 Taylor 级数展开，并只保留一次项，得

$$\psi(\Delta \boldsymbol{u}_{i+1}^{n+1}) = \psi(\Delta \boldsymbol{u}_i^{n+1}) + \left(\frac{\mathrm{d}\psi}{\mathrm{d}\Delta \boldsymbol{u}^{n+1}}\right)_i \mathrm{d}\Delta \boldsymbol{u}_i^{n+1} = 0 \tag{6-15}$$

式中，

$$\Delta \boldsymbol{u}_{i+1}^{n+1} = \Delta \boldsymbol{u}_i^{n+1} + \mathrm{d}\Delta \boldsymbol{u}_i^{n+1} \tag{6-16}$$

刚度矩阵为

$$\boldsymbol{K}_{n+1}^{\mathrm{T}} = \frac{\mathrm{d}\psi}{\mathrm{d}\Delta \boldsymbol{u}^{n+1}} \tag{6-17}$$

联立式(6-15)—式(6-17)得

$$\mathrm{d}\Delta \boldsymbol{u}_i^{n+1} = (\boldsymbol{K}_{n+1}^{\mathrm{T}})^{-1} \psi(\Delta \boldsymbol{u}_i^{n+1}) \tag{6-18}$$

根据刚度矩阵在迭代过程中的不同取法，式(6-15)—式(6-18)表示的迭代算法可分为 N-R 法(Newton-Raphson)和 mN-R 法(修正 Newton-Raphson)两种，即

$$\boldsymbol{K}_{n+1}^{\mathrm{T}} = \begin{cases} \boldsymbol{K}_{n+1}^{\mathrm{T}}(\Delta \boldsymbol{u}_i^{n+1}) & N-R \\ \boldsymbol{K}_{n+1}^{\mathrm{T}}(\Delta \boldsymbol{u}_0^{n+1}) & mN-R \end{cases} \tag{6-19}$$

式中，$\Delta \boldsymbol{u}_i^{n+1}$ 为 t_{n+1} 时刻，第 i 次平衡迭代后得到的增量位移，$\Delta \boldsymbol{u}_0^{n+1}$ 为迭代开始时刻的增量位移。N-R 法的求解过程如图 6-2 所示，在计算过程中，每次迭代都需要重新形成切线矩阵和求逆，计算较为烦琐，但整体收敛速度较快。mN-R 法的求解过程如图 6-3 所示，在每个增量步内，平衡迭

代所采用的刚度矩阵保持不变，只需计算一次，大大简化了算法，然而代价是收敛速度变慢。

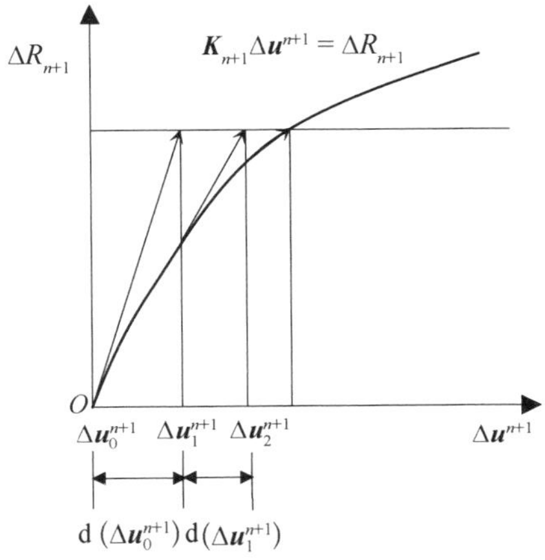

图 6-2　Newton-Raphson 迭代

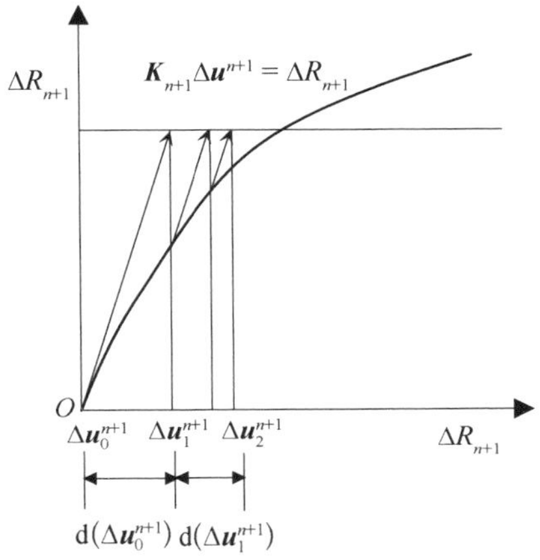

图 6-3　修正 Newton-Raphson 迭代

由于式(6-15)只取了线性项，在平衡迭代收敛后，还需将得到的结果再回代入式(6-14)进行重复迭代直至满足误差要求。

6.2.3　解的稳定性及谱分析

要保持有限元解的稳定性，须使得每次平衡迭代过程中，解都是唯一的。下面具体分析有限元解的唯一性问题。

由第 6.2.2 节可知，有限元计算过程中的平衡方程为

$$\int_V B^{\mathrm{T}}\boldsymbol{\sigma}\,\mathrm{d}V=\boldsymbol{f} \tag{6-20}$$

式中，$\boldsymbol{f}$ 代表外载荷。若边值问题的解不唯一，则存在两个应力 $\boldsymbol{\sigma}_1$ 和 $\boldsymbol{\sigma}_2$ 同时满足式(6-20)，因而两个应力的差值应满足如下条件：

$$\int_V \boldsymbol{B}^{\mathrm{T}}\Delta\boldsymbol{\sigma}\,\mathrm{d}V=0 \tag{6-21}$$

由于 $\Delta\boldsymbol{\sigma}=\boldsymbol{D}^{\mathrm{ep}}\Delta\boldsymbol{\varepsilon}=\boldsymbol{D}^{\mathrm{ep}}\boldsymbol{B}\Delta\boldsymbol{u}$，因而相应地，有两个位移解 $\boldsymbol{u}_1$ 和 $\boldsymbol{u}_2$ 对应于两个应力，在位移型有限元框架下，离散后的增量平衡方程为

$$\boldsymbol{K}(\boldsymbol{u}_1-\boldsymbol{u}_2)=\boldsymbol{K}\Delta\boldsymbol{u}=0 \tag{6-22}$$

式中：$\boldsymbol{K}=\int_V\boldsymbol{B}^{\mathrm{T}}\boldsymbol{D}^{\mathrm{ep}}\boldsymbol{B}\,\mathrm{d}V$，要使式(6－22)有解，需满足

$$\det(\boldsymbol{K})=0 \tag{6-23}$$

式(6－23)可以通过检验 $\boldsymbol{K}$ 的特征值来进行判定，即只要有零特征值出现，则式(6－23)是满足的。若式(6－23)满足，则解的唯一性丧失，从而导致数值解的稳定性不能得到保证。

谱分析(spectral analysis)是结构动力学分析特别是地震响应分析中的一种常用方法。其主要思路是首先计算出系统的固有振型，即各阶模态(mode)，然后通过模态系数(mode coefficient)或有效质量(effective mass)来分析各阶模态对结构动力响应的贡献，进而确定在计算地震响应时需选用的振型数。将得到的模态分析的结果与一个已知的谱联系起来，就可以计算结构的动力响应，计算效率也可以得到大大提高。这种思想同样可用于衡量静力学边值问题、有限元离散系统变形模式分析和解的稳定性分析[195,233-234]。本书通过对总体刚度矩阵谱分析来分析增量平衡系统的固有特性。谱分析包括计算总体刚度矩阵的特征值、特征向量以及增量位移解的分解，特征值的计算结果可以用于检验式(6－23)是否满足，特征向量实际上代表了离散系统的变形特性，可用于分析具有局部化变形的模态。

类似于动力分析的振型叠加法的思想，将求解式(6－10)得到的增量位移分解为由刚度矩阵 $\boldsymbol{K}_{n+1}$ 得到的特征向量 $\boldsymbol{v}_{\mathrm{s}}$ 的线性组合见式(6－24)。

$$\Delta\boldsymbol{u}=\alpha_{\mathrm{s}}\boldsymbol{v}_{\mathrm{s}} \tag{6-24}$$

式中，α_{s} 称为模态系数，代表某阶变形模态的放大系数。

根据特征向量的正交性，有

$$\frac{\boldsymbol{v}_s^{\mathrm{T}}}{\|\boldsymbol{v}_s^{\mathrm{T}}\|}\frac{\boldsymbol{v}_t}{\|\boldsymbol{v}_t\|}=\delta_{st} \tag{6-25}$$

因此，α_s 可通过结点位移和特征向量的内积得到，即

$$\alpha_s=\frac{\Delta\boldsymbol{u}^{\mathrm{T}}}{\|\Delta\boldsymbol{u}^{\mathrm{T}}\|}\cdot\frac{\boldsymbol{v}_s}{\|\boldsymbol{v}_s\|} \tag{6-26}$$

多数情况下，α_s 随着模态 s 的增大而减小。因而 $\Delta\boldsymbol{u}$ 可由少数前几阶特征向量组合得到，而其他特征向量对 $\Delta\boldsymbol{u}$ 贡献很小，可以忽略。这种对增量位移贡献较大的特征向量，称为主特征向量。主特征向量对于研究变形特性，特别是对含有局部化变形的变形特性分析有重要作用。

6.3　应变局部化数值解

6.3.1　局部软化塑性模型

用有限元单元法对第 5 章的一维拉杆问题进行数值求解，为消除刚性位移，将杆的左端固定，并仍取杆中心为坐标原点，如图 6－4(a)所示。由于本章主要考察网格敏感性问题，因此应力应变关系仍采用弹性和软化塑性分段函数进行求解，这样就可以避免应力应变关系的斜率从正到负连续变化时存在零点而导致求解的中断。把施加的位移载荷 $\Delta\delta$ 分为多个时间步，在 t_n 时刻，所有的量都已知，在时间增量 $\Delta t=t_{n+1}-t_n$ 后，计算 t_{n+1} 时刻的各量。通过一维线性单元离散该杆，形函数取为 $\boldsymbol{N}=[-(x-x_2)/h,\ (x-x_1)/h]$，这里 h 为单元的尺寸，x_1、x_2 分别对应单元两端的坐标。分别采用粗(7 个单元)、中(15 个单元)、细(31 个单元)3 种网格对杆进行离散，如图 6－4(b)所示。将单元结点从左至右编号，与

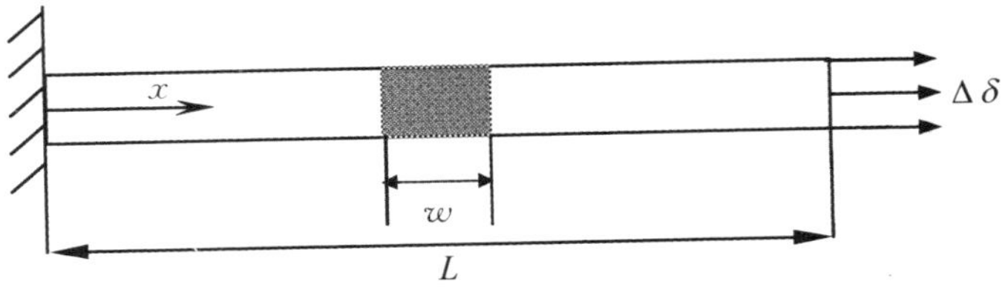

(a) 一维拉杆

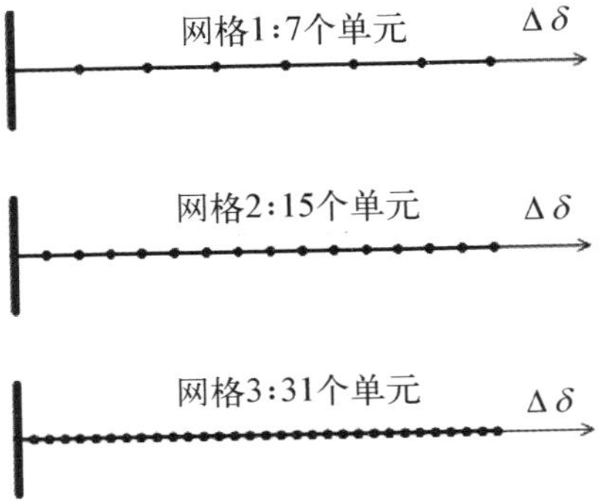

(b) 网格，“●”代表结点

图 6-4　一维拉杆

第 5 章相同，仍假定应变局部化起始于杆中心。

在 t_{n+1} 时刻，将增量平衡方程式(6-10)改写为

$$\boldsymbol{K}_{n+1}\Delta\boldsymbol{u}_{n+1}=\Delta\boldsymbol{R}_{n+1} \tag{6-27}$$

式中，$\Delta\boldsymbol{u}_{n+1}$ 为增量结点位移；$\Delta\boldsymbol{R}_{n+1}$ 为外力和内力的非平衡部分；$\boldsymbol{K}_{n+1}$ 为总体刚度矩阵，可通过集成单元刚度矩阵 $\boldsymbol{k}_{n+1}^{\mathrm{e}}$ 得到

$$\boldsymbol{k}_{n+1}^{\mathrm{e}}=\int_{\Omega}\boldsymbol{B}^{\mathrm{T}}\boldsymbol{D}^{n+1}\boldsymbol{B}\,\mathrm{d}\Omega \tag{6-28}$$

式中，Ω 代表整个分析区域；$\boldsymbol{B}=\partial\mathbf{N}/\partial x=\{-1/h,\ 1/h\}$ 为应变矩阵；$\boldsymbol{D}$ 为模量，取决于材料的状态，在弹性阶段 $\boldsymbol{D}=E$，在塑性阶段 $\boldsymbol{D}=E'=\gamma E$，其中，$\gamma=H/(E+H)$。

在数值计算过程中，式(6-28)的积分由 Gauss 积分实现[235]，因而，将

单元刚度矩阵写为

$$\boldsymbol{k}_{n+1}^{\mathrm{e}} = 2 \times \frac{h}{2} \left\{ -\frac{1}{h} \quad \frac{1}{h} \right\}^{\mathrm{T}} AC \left\{ -\frac{1}{h} \quad \frac{1}{h} \right\}$$

$$= \frac{AC}{h} \begin{bmatrix} 1 & -1 \\ -1 & 1 \end{bmatrix} \tag{6-29}$$

与 $\boldsymbol{K}_{n+1}$ 类似，$\Delta\boldsymbol{R}_{n+1}$ 也可以通过集成单元不平衡力得到。当忽略体力，且加载为位移控制时，单元不平衡力为

$$\{\Delta\boldsymbol{R}_{\mathrm{p}}^{n+1}\} = -(\boldsymbol{k}_{n+1}^{\mathrm{e}})_{\mathrm{pq}}\boldsymbol{g}_{\mathrm{q}} - \{-1,\ 1\}^{\mathrm{T}}\boldsymbol{A\sigma}^{n} \tag{6-30}$$

下标 p、q 分别对应于加载结点和位移响应结点的在整体方程中的编号；$\boldsymbol{\sigma}_n$ 代表上一个平衡状态时的应力；利用式(6－27)、式(6－29)和式(6－30)，可求得增量位移 $\{\Delta\boldsymbol{u}_{n+1}\}$，因而可得增量应变为

$$\Delta\boldsymbol{\varepsilon} = \boldsymbol{B}\{\Delta\boldsymbol{u}\} \tag{6-31}$$

在弹性状态时，$\Delta\boldsymbol{\varepsilon}$ 为弹性应变；相应的应力可通过 Hooke 定律得到。在塑性状态时，$\Delta\boldsymbol{\varepsilon}$ 为弹性应变增量 $\Delta\boldsymbol{\varepsilon}^{\mathrm{e}}$ 和塑性应变增量 $\Delta\boldsymbol{\varepsilon}^{\mathrm{p}}$ 的总和。对于每个 Gauss 点来说，$\Delta\varepsilon^{\mathrm{p}}$ 可以通过线性化率型应力-应变关系式(5－13)得到，即

$$\Delta\sigma(x) = E\Delta\varepsilon^{\mathrm{e}} = E(\Delta\varepsilon - \Delta\varepsilon^{\mathrm{p}}) \tag{6-32}$$

令在 t_n 时刻和 $t_{n+1}(t_{n+1} = t_n + \Delta t)$ 时刻，屈服条件均得以满足，即 $F_n = \sigma_n - (\sigma_0 + H\varepsilon_n^{\mathrm{p}}) = 0$，$F_{n+1} = \sigma_{n+1} - (\sigma_0 + H\varepsilon_{n+1}^{\mathrm{p}}) = 0$，因而得到

$$\Delta\sigma - H\Delta\lambda = 0 \tag{6-33}$$

利用式(6－32)和式(6－33)，$\Delta\varepsilon^{\mathrm{e}}$ 和 $\Delta\varepsilon^{\mathrm{p}}$ 分别为

$$\begin{cases}\Delta\varepsilon^{e}=\dfrac{H}{E+H}\Delta\varepsilon=\gamma\Delta\varepsilon\\[2ex]\Delta\varepsilon^{p}=\Delta\lambda=\dfrac{E}{E+H}\Delta\varepsilon=\dfrac{\gamma E}{H}\Delta\varepsilon\end{cases}\tag{6-34}$$

利用式(6-33)和式(6-34)，切线模量 C 为

$$C=\frac{\Delta\sigma}{\Delta\varepsilon}=\frac{H}{(1+H/E)}=\gamma E\tag{6-35}$$

采用以上算法对拉杆应变局部化进行数值计算，结果表明刚开始加载时，杆处于弹性阶段，随着位移的增加，应力逐渐增大，这与第 5 章的理论分析结果相同。当达到屈服应力后，杆中心应变局部化被激发并扩展，局部化带内区域处于塑性加载，带外弹性卸载，且由于带内的塑性软化作用，整个杆的应力减小。当应力减小到 $0.5\sigma_0$ 时，应变分布如图 6-5 所示，从图中可以看出，应变分布强烈依赖于所采用的网格，随着单元的细化，局部化带宽将变小。受塑性应变分布的影响，荷载响应也表现出强烈的网格敏感性，如图 6-6 所示。粗网格得到的是负的斜率，杆呈软化状态，与应力应变关系相似，而中、细网格得到的是正的斜率，表现为回拉(snapback)现象，这显然与物理现象不符。

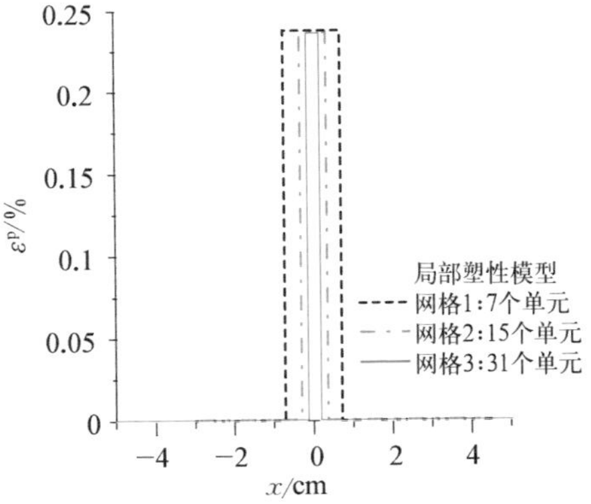

图 6-5　峰后塑性应变分布

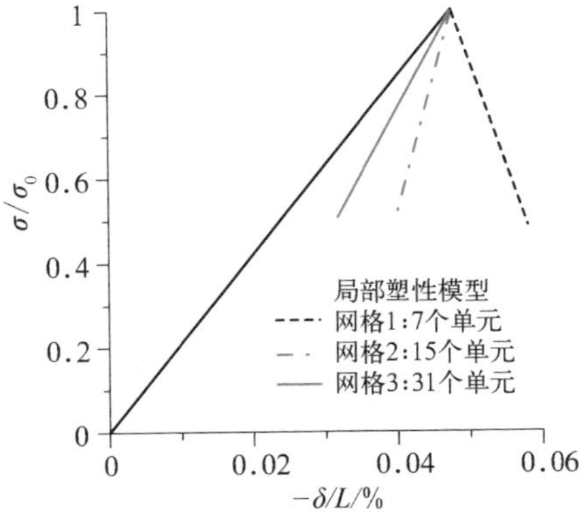

图 6-6　荷载响应(局部塑性模型)

6.3.2　非局部软化塑性模型

采用与局部塑性模型相同的算法[236]，令 t_n 时刻和 t_{n+1} 时刻满足屈服条件，从而求得塑性乘子后，然后更新应力。t_n 时刻屈服方程为

$$F_n = \sigma_n - [\sigma_0 + (1-m)H\varepsilon_n^{\mathrm{p}} + mH\hat{\varepsilon}_n^{\mathrm{p}}] = 0 \tag{6-36}$$

t_{n+1} 时刻屈服方程为

$$F_{n+1} = \sigma_{n+1} - [\sigma_0 + (1-m)H\varepsilon_{n+1}^{\mathrm{p}} + mH\hat{\varepsilon}_{n+1}^{\mathrm{p}}] = 0 \tag{6-37}$$

联立式(6-36)和(6-37)，可得

$$\Delta\sigma - [(1-m)H\Delta\lambda(x) + mH\Delta\hat{\lambda}(x)] = 0 \tag{6-38}$$

当采用双线性形式的平均函数式(5-3)后，式(6-38)变为

$$\frac{\Delta\sigma}{(1-m)H} = \Delta\lambda(x) + \frac{m}{2l(1-m)}\int_{x-R}^{x+R} \mathrm{e}^{\frac{-|\xi-x|}{l}}\Delta\lambda(\xi)\mathrm{d}\xi \tag{6-39}$$

类似式(5-41)，式(6-39)为一个关于 $\Delta\lambda$ 的第二类 Fredholm 方程，将式(6-39)转化为如下常微分方程(ODE)：

$$\frac{\partial^2\Delta\lambda(x)}{\partial x^2} + \frac{1}{l^2(m-1)}\Delta\lambda(x) = \frac{\Delta\sigma}{Hl^2(1-m)} \tag{6-40}$$

当引入了基于杆中心对称的边界条件后，解为

$$\Delta\lambda = \frac{\Delta\sigma}{H}\frac{1}{f(x)} \quad -\pi d \leqslant x \leqslant \pi d \tag{6-41}$$

式中，$f(x) = \dfrac{1}{1+\cos\left(\dfrac{x}{l\sqrt{m-1}}\right)}$。

利用式(6-33)和式(6-41),切线模量 $C(x)$ 为

$$C(x)=\frac{\Delta\sigma(x)}{\Delta\varepsilon(x)}=\begin{cases}E & x<-\pi d,\ x>\pi d\\ E\gamma f(x) & -\pi d\leqslant x\leqslant \pi d\end{cases}\tag{6-42}$$

从式(6-42)可以看出,非局部理论的切线模量在塑性区内是随空间分布的,$f(x)$ 反映了其分布规律。将式(6-42)代入单元刚度矩阵式(6-28)后,通过组装得到刚度矩阵即可得增量平衡方程式(6-27)的具体表达式,从而可以计算出增量结点位移,继而计算出总应变增量,塑性应变和荷载响应。计算得到的塑性应变分布如图 6-7 所示,在不同网格情形,局部化带宽和塑性应变分布几乎相同。相应地,得到的荷载响应关系如图 6-8 所示,相比中、细网格而言,粗网格得到的荷载响应表现出更强的软化趋势,而中细、网格得到的结果几乎相同。通过对比表明,随着网格的细化,数值解是趋近于理论解的。

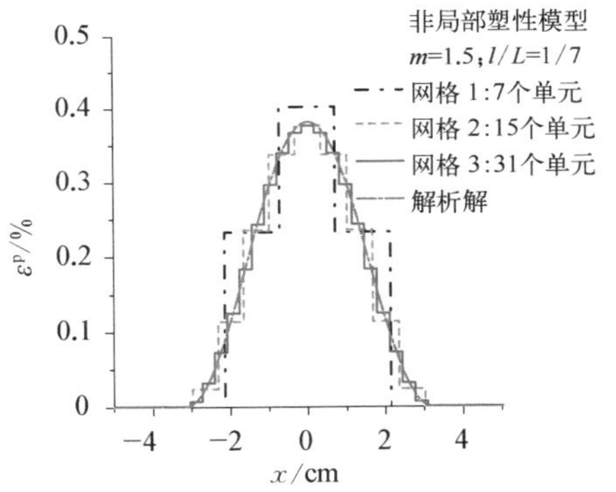

图 6-7 塑性应变分布(非局部塑性模型,带宽为 6.28 cm)

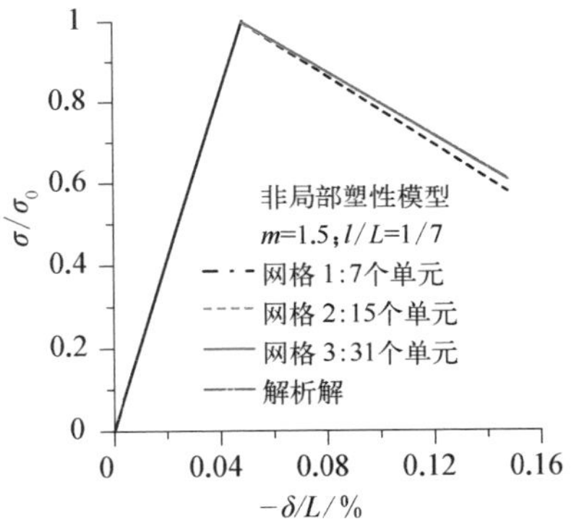

图 6-8 荷载响应(非局部塑性模型)

以上分析表明局部和非局部模型得到了完全不同的应变局部化数值计算结果,局部模型得到的结果表现出强烈的网格依赖性,而非局部模型得到的结果则具有网格客观性。导致两种不同结果的原因目前尚不甚清楚,下面通过谱分析对离散系统特性进行深入研究,以揭示其本质。

6.4　离散系统谱分析

6.4.1　弹性模型

为杆处于塑性状态时的分析提供对比，首先分析杆处于弹性状态时离散系统的特性，以粗网格（7 个单元）为例，将弹性模量代入式（6－29）得到单元弹性刚度矩阵，组装得到总体刚度矩阵 $\boldsymbol{K}_7^{\text{elastic}}$ 后代入式（6－27），并引入边界条件后，式（6－27）变为：

$$\boldsymbol{K}_7^{\text{elastic}}\begin{Bmatrix}u_2\\u_3\\u_4\\u_5\\u_6\\u_7\\u_8\end{Bmatrix}=\frac{EA}{h}\begin{bmatrix}2&-1&0&0&0&0&0\\-1&2&-1&0&0&0&0\\0&-1&2&-1&0&0&0\\0&0&-1&2&-1&0&0\\0&0&0&-1&2&-1&0\\0&0&0&0&-1&2&-1\\0&0&0&0&0&-1&1\end{bmatrix}\begin{Bmatrix}u_2\\u_3\\u_4\\u_5\\u_6\\u_7\\u_8\end{Bmatrix}=\begin{Bmatrix}0\\0\\0\\0\\0\\0\\\Delta f\end{Bmatrix}\tag{6-43}$$

通过式（6－43）类推，可以得到 $\boldsymbol{K}_{15}^{\text{elastic}}$ 和 $\boldsymbol{K}_{31}^{\text{elastic}}$，可以计算出这三个总体刚度矩阵的全部特征值 λ_i 和特征向量 $\boldsymbol{v}_i$（i 通过 λ_i 绝对值的大小进行编号），并将得到的增量结点位移 $\boldsymbol{\Delta u}_{n+1}$ 通过式（6－37）表示为特征向量的线性组合。分析表明 $\boldsymbol{\Delta u}_{n+1}$ 可仅由前几阶特征向量表示，而其他特征向量（$i>4$）的贡献则可以忽略，因而只需要分析前总刚度矩阵的几阶特征向量就可以研究离散系统的特性。前 4 阶特征值（λ_1，λ_2，λ_3，λ_4）和前 4 阶特征向量（$\boldsymbol{v}_1$，$\boldsymbol{v}_2$，$\boldsymbol{v}_3$，$\boldsymbol{v}_4$）的系数 α_i 如见 6－1，从表中可看出，特征值随着 i 的增大而增大，系数 α_i 随着 i 的增大而减小。这表明，系数 α_i 随着特征值的增大而迅

速减小。图 6－9(a)—图 6－9(c)给出了在粗、中、细 3 种网格情形下相应的特征向量（$\boldsymbol{v}_1$，$\boldsymbol{v}_2$，$\boldsymbol{v}_3$，$\boldsymbol{v}_4$）。从图中可以看出，这 3 种网格情形中，各阶特征向量几乎是相同的，这说明弹性状态下，拉杆具有相同的变形特性。

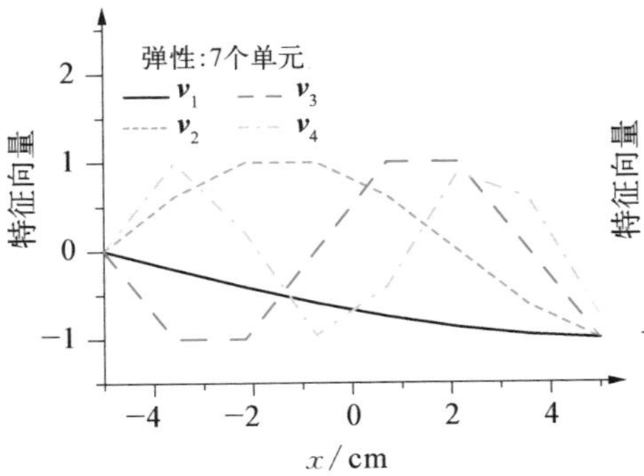

(a) 粗网格 (7个单元)

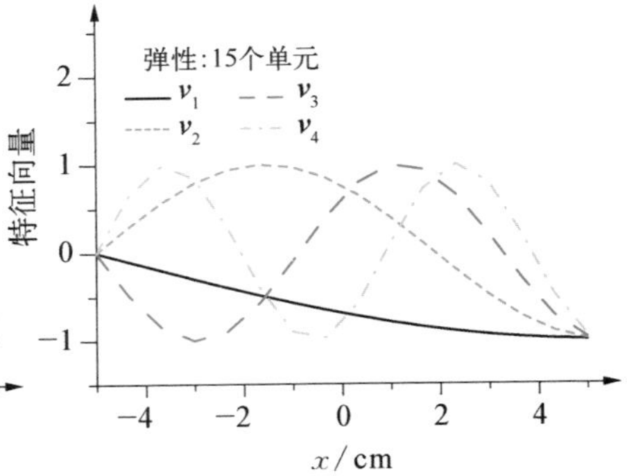

(b) 中网格 (15个单元)

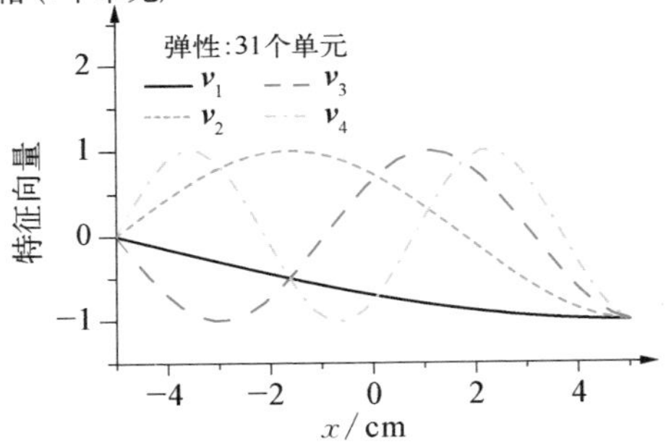

(c) 细网格(31个单元)

图 6－9　前 4 阶规格化的特征向量(弹性模型)

表 6－1　前 4 阶特征值和系数 $\boldsymbol{\alpha}_i$(弹性模型)

单元数	$\boldsymbol{\alpha}_1(\lambda_1/(EA))$	$\boldsymbol{\alpha}_2(\lambda_2/(EA))$	$\boldsymbol{\alpha}_3(\lambda_3/(EA))$	$\boldsymbol{\alpha}_4(\lambda_4/(EA))$
7	0.993 2(0.030 6)	0.108 0(0.267 4)	0.038 4(0.700 0)	0.017 9(1.253 7)
15	0.992 8(0.015 4)	0.110 0(0.137 6)	0.039 4(0.377 0)	0.019 9(0.723 7)
31	0.992 7(0.007 7)	0.110 3(0.069 2)	0.040 0(0.191 7)	0.020 5(0.373 9)

从表 6－1 可以看出，由于第一个主特征向量 $\boldsymbol{v}_1$ 为对解的贡献是最大的，通过分析该特征向量即可反映出拉杆的主要变形特性。通过 3 种网格

所得的第一主特征向量 $\boldsymbol{v}_1$ 如图 6 - 10(a)所示，从图中可以看出，三者结果几乎完全相同，这表明在弹性状态下，结点位移解不具有网格敏感性，如图 6 - 10(b)所示。

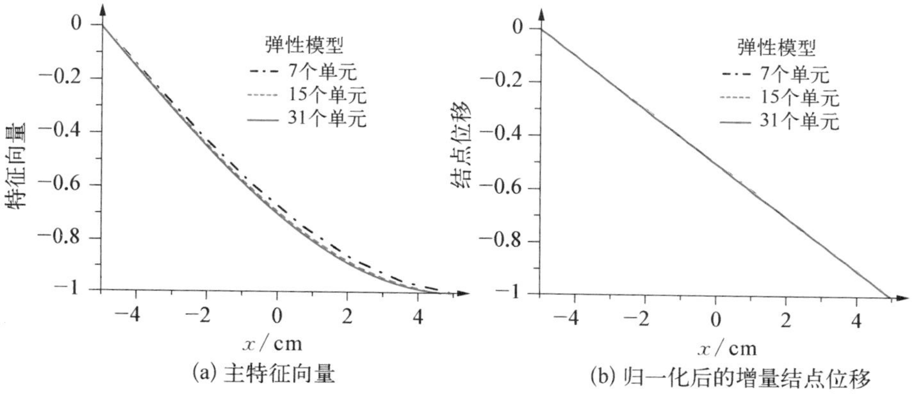

图 6 - 10　规格化的主特征向量和结点位移(弹性模型)

6.4.2　局部软化塑性模型

当应力达到屈服应力水平时，杆中心的弱单元进入塑性状态，应变局部化触发，而之外的单元则处于弹性卸载状态。将弱单元的刚度矩阵用弹塑性矩阵替换后，通过组装得到总体刚度矩阵。仍以粗网格情形(7 个单元)为例，由于第 4 号单元为弱单元，因而得到的总体刚度矩阵为

$$\boldsymbol{K}_7^{\text{local}} = \frac{EA}{h}\begin{bmatrix} 2 & -1 & 0 & 0 & 0 & 0 & 0 \\ -1 & 2 & -1 & 0 & 0 & 0 & 0 \\ 0 & -1 & 1+\gamma & -\gamma & 0 & 0 & 0 \\ 0 & 0 & -\gamma & 1+\gamma & -1 & 0 & 0 \\ 0 & 0 & 0 & -1 & 2 & -1 & 0 \\ 0 & 0 & 0 & 0 & -1 & 2 & -1 \\ 0 & 0 & 0 & 0 & 0 & -1 & 1 \end{bmatrix} \tag{6-44}$$

对于中网格(15 单元)和细网格(31 个单元)情形,也采用同样的方法形成总体刚度矩阵 $\boldsymbol{K}_{15}^{\text{local}}$ 和 $\boldsymbol{K}_{31}^{\text{local}}$。类似弹性状态时的分析,计算出所有的特征值和特征向量,得到的粗、中、细 3 种网格情形的特征向量 $\boldsymbol{v}_1$,$\boldsymbol{v}_2$,$\boldsymbol{v}_3$,$\boldsymbol{v}_4$ 如图 6-11(a)—图 6-11(c)所示。与弹性状态下的特征向量(图 6-9)相

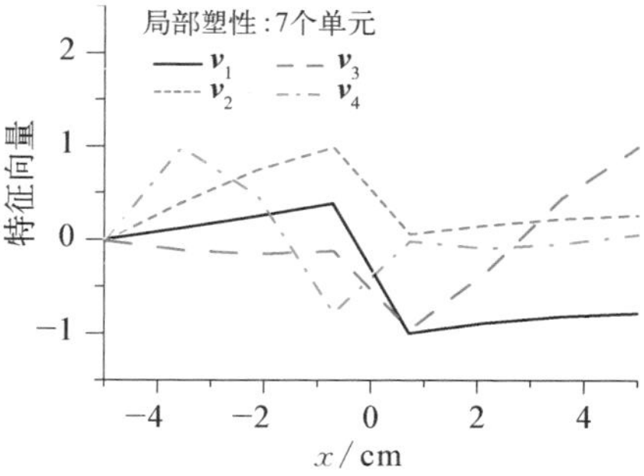

(a) 粗网格 (7 个单元)

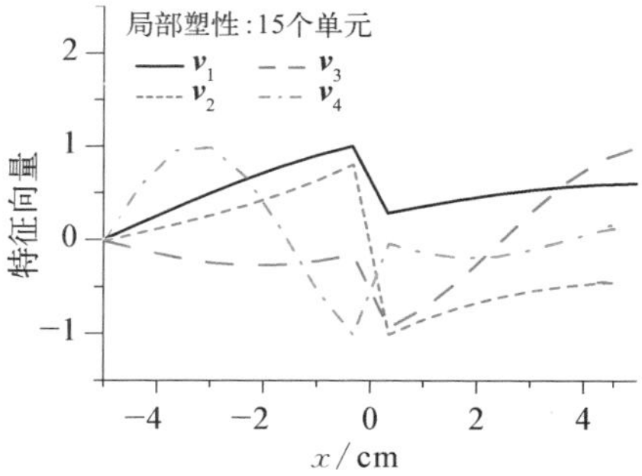

(b) 中等网格(15 个单元)

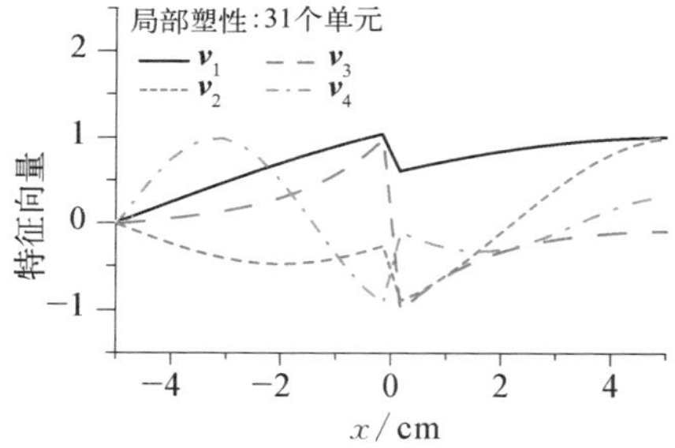

(c) 细网格 (31个单元)

图 6-11 前 4 阶规格化的特征向量(局部塑性软化模型)

比,当弱单元进入塑性状态后,总体刚度矩阵的特征向量在弱单元处表现出了位移跳跃,这种跳跃即对应于局部化变形。从图中可以看出,当网格细化时,这种位移跳跃将变窄,对应于局部化塑性变形区域的减小。

表 6-2 列出了相应的特征值 λ_1,λ_2,λ_3 和 λ_4 及相应的系数 α_1,α_2,α_3 和 α_4。表明当弱单元进入塑性后,结点增量位移解仍然是前几阶特征向量,尤其是第一主特征向量 $\boldsymbol{v}_1$ 占主导作用的。从表中还可以看出,$\boldsymbol{v}_1$ 对应的总是绝对值最小的特征值 λ_1,而该特征值可以为正,也可以为负。类似第

6.4.1节弹性状态的分析，我们同样通过分析第一特征向量 $\boldsymbol{v}_1$ 来分析整个杆的变形模式，如图 6－12(a)所示，通过三种单元离散而得到的 $\boldsymbol{v}_1$ 均不相同，相比粗网格而言，中、细网格得到的特征向量位于局部化带区域两边的变形是正好相反的，这表明了荷载响应的回拉现象。当网格细化后，第一阶特征值由负值变为正值，第一特征向量形状也同时发生改变，这表明增量解具有网格敏感性，如图 6－12(b)所示。

表 6－2　前 4 阶特征值和系数 $\boldsymbol{\alpha}_i$(局部塑性软化模型)

单元数	$\boldsymbol{\alpha}_1(\lambda_1/(EA))$	$\boldsymbol{\alpha}_2(\lambda_2/(EA))$	$\boldsymbol{\alpha}_3(\lambda_3/(EA))$	$\boldsymbol{\alpha}_4(\lambda_4/(EA))$
7	0.982 1 (−0.030 8)	0.140 8 (0.098 1)	0.122 2 (0.381 4)	0.003 1 (1.062 5)
15	0.900 4 (0.031 3)	0.336 0 (−0.060 0)	0.268 1 (0.195 4)	0.015 9 (0.535 4)
31	0.983 8 (0.010 9)	0.172 9 (0.089 7)	0.013 5 (−0.125 2)	0.020 7 (0.247 4)

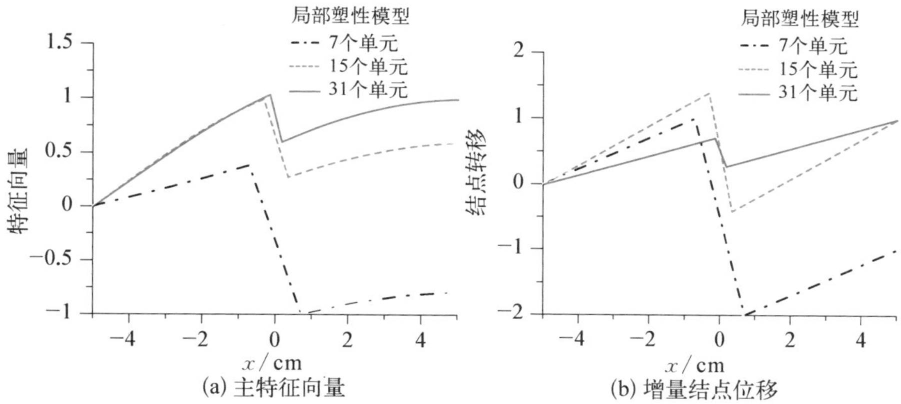

图 6－12　规格化的主特征向量和结点位移(局部塑性软化模型)

6.4.3　非局部软化塑性模型

在采用非局部塑性理论计算时，由于非局部变量引入，在塑性区内切

线刚度矩阵 $\boldsymbol{K}_{n+1}$ 成为一个空间变化的量。也就是说，当应变局部化激发后，不仅弱单元进入塑性状态，其周围一定范围内的单元由于非局部加权平均的影响也进入塑性状态。同样以粗网格情形（7 个单元）为例，类似式(6-44)的过程，得到的总体刚度矩阵为

$$\boldsymbol{K}_7^{\text{Nonlocal}} = \frac{EA}{h}\begin{bmatrix} 2 & -1 & 0 & 0 & 0 & 0 & 0 \\ -1 & 1+f_2\gamma & -f_2\gamma & 0 & 0 & 0 & 0 \\ 0 & -f_2\gamma & (f_1+f_2)\gamma & -f_1\gamma & 0 & 0 & 0 \\ 0 & 0 & -f_1\gamma & (f_1+f_2)\gamma & -f_2\gamma & 0 & 0 \\ 0 & 0 & 0 & -f_2\gamma & 1+f_2\gamma & -1 & 0 \\ 0 & 0 & 0 & 0 & -1 & 2 & -1 \\ 0 & 0 & 0 & 0 & 0 & -1 & 1 \end{bmatrix} \tag{6-45}$$

式中，系数 f_1 和 f_2 分别由杆中心三个单元 3、4 和 5 间的位置决定，分别为

$$\begin{cases} f_1 = f(L/2) = 0.5 \\ f_2 = f(L/2 \pm h) = 0.865\,1 \end{cases} \tag{6-46}$$

类似式(6-45)和式(6-46)的过程，同样可以得到 $\boldsymbol{K}_{15}^{\text{Nonlocal}}$ 和 $\boldsymbol{K}_{31}^{\text{Nonlocal}}$。进行谱分析即可得到各刚度矩阵的全部特征值 λ_i 和特征向量 $\boldsymbol{v}_i$，计算得到的前 4 阶特征向量如图 6-13 所示。从图中可以看出，当网格细化后，特征向量变得越来越光滑，并表现出一个宽度固定的变形转化区，这即对应于应变局部化变形区域。表 6-3 列出了前 4 阶特征向量 $\boldsymbol{v}_i$ 对应的特征值 λ_i 和相应的系数 α_i。从表中可以看出，在采用非局部理论后，同样是前几阶特征向量，即主特征向量对解的贡献是最大的。同时还可以看出，第一特征向量对变形的贡献占绝对主导作用，因而第一特征向量即可以反映出离散系统的主要变形趋势。通过 3 种网格离散系统后得到的第一主特征向量

如图6－14(a)所示，三者所得的结果几乎完全相同，这导致增量结点位移的计算结果也是基本相同的，如图 6－14(b)所示。与弹性状态分析得到的结果类似，采用非局部理论后，离散平衡系统的变形模式保持固定，不再随网格的细化而变化，这即是非局部理论使应变局部化有限元数值解完全克服网格敏感性的本质。

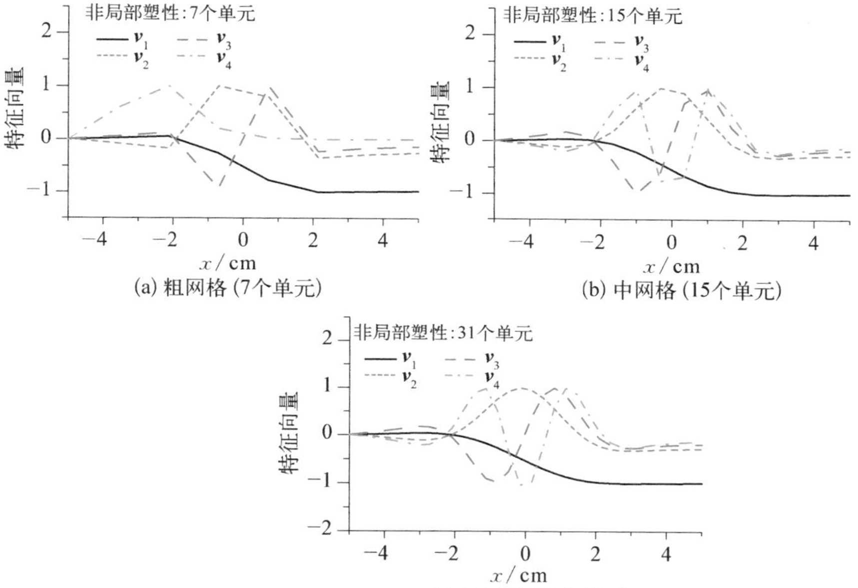

(a) 粗网格(7个单元)　(b) 中网格(15个单元)　(c) 细网格(31个单元)

图 6－13　前 4 阶规格化的特征向量(非局部塑性软化模型)

表 6－3　前 4 阶特征值和系数 α_i(非局部塑性软化模型)

单元数	$\alpha_1(\lambda_1/(EA))$	$\alpha_2(\lambda_2/(EA))$	$\alpha_3(\lambda_3/(EA))$	$\alpha_4(\lambda_4/(EA))$
7	0.999 7 (−0.005 3)	0.021 5 (−0.086 9)	0.006 1 (−0.157 6)	0.000 14 (0.228 3)
15	0.999 6 (−0.002 6)	0.026 4 (−0.042 0)	0.005 6 (−0.120 7)	0.002 0 (−0.220 8)
31	0.999 6 (−0.001 3)	0.027 9 (−0.020 9)	0.005 8 (−0.062 8)	0.002 0 (−0.124 5)

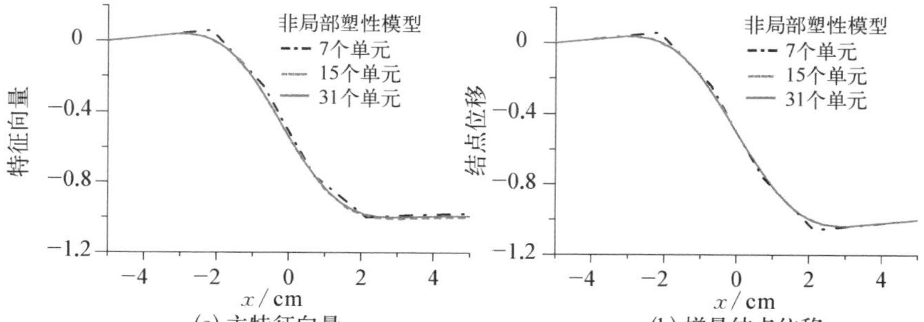

(a) 主特征向量　　(b) 增量结点位移

图 6－14　规格化的主特征向量和结点位移(非局部塑性软化模型)

下面我们再来分析局部化带的宽度。局部化带的宽度由单元尺寸和处于塑性状态的单元个数决定，塑性单元个数则可通过总体刚度矩阵负特征值数来反映。如图 6－15 所示，采用非局部塑性软化模型得到的总体刚度矩阵，其负特征值个数随单元的细化而增大，而在局部理论中，负特征值个数始终保持为 1，这表明当采用局部塑性软化模型时，塑性区的大小完全由弱单元尺寸决定，随着网格的细化单元尺寸将越来越小，当单元尺寸趋近于零时，塑性区的大小也将趋近于零，这就是导致网格敏感性的本质。当采用非局部塑性软化模型时，随着网格的细化，虽然单元尺寸将减小，但是更多的单元进入塑性状态使得塑性区的大小始终保持为定值。此外，由于特征向量决定了变形模式，因而局部化带的宽度可通过特征向量表现出的变形转化区大小得到，如图 6－16 所示，当网格细化时，特

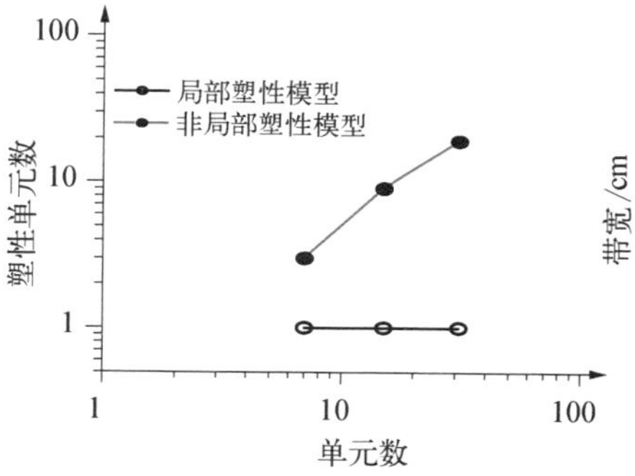

图 6－15　负特征值个数与单元数的关系

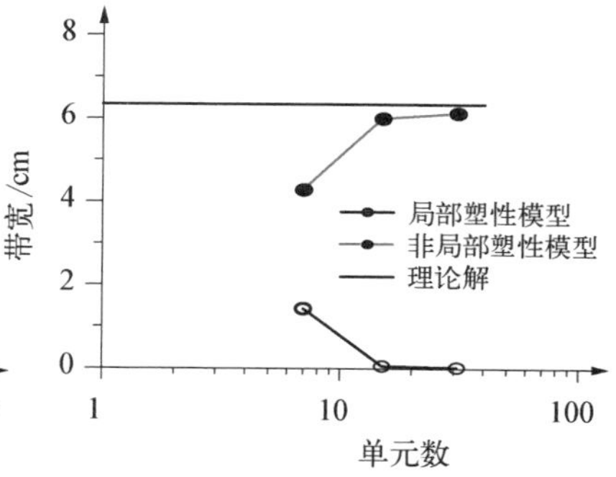

图 6－16　带宽与单元数的关系

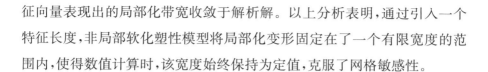

征向量表现出的局部化带宽收敛于解析解。以上分析表明,通过引入一个特征长度,非局部软化塑性模型将局部化变形固定在了一个有限宽度的范围内,使得数值计算时,该宽度始终保持为定值,克服了网格敏感性。

6.5 本章小结

通过引入弱单元激发局部化,有限元方法模拟应变局部化的数值结果表明局部软化塑性模型使得数值计算结果依赖于所引入的弱单元尺寸,具有强烈的网格依赖性,计算结果不符合物理实际,而非局部软化塑性模型能得到有效的解答。通过对离散增量平衡方程切线刚度矩阵的谱分析来研究导致两种不同结果的原因是局部型的本构模型中缺少了一个特征长度,塑性区的大小完全取决于弱单元大小,从而导致数值解具有网格敏感性;非局部理论在材料模型中引入了一个用于确定非局部影响范围的特征长度,使得在网格细化时,虽弱单元尺寸随之减小,但更多的单元受非局部加权平均影响而进入塑性状态,从而使得塑性区大小得以固定,数值解能完全克服网格敏感性。

第7章 二维应变局部化数值模拟

7.1 概 述

应变局部化形成与发展的数值模拟是一项重要研究内容，它一直以来都是数值研究领域的热点。其难点在于若要使模拟得以顺利进行且模拟结果能合理反映实际物理现象，需正则化软化型应力应变关系导致的病态边值问题。第5章的理论分析表明，通过非局部理论引入一个特征长度是一种有效的正则化机制，能够保持偏微分方程在软化材料中的适定性。第6章拉杆应变局部化数值解和谱分析进一步表明，一维状态下非局部塑性软化模型的采用能完全克服数值解的网格敏感性。本章将非局部理论推广到二维情形，并对双轴试验应变局部化现象进行数值模拟。同样地，对离散后的增量平衡系统进行谱分析，深入研究非局部理论的正则化机制及适用条件。

7.2 率型本构方程及积分算法

7.2.1 率无关 J2 局部塑性模型

为简化所分析的问题，同时又不失一般性，这里采用线弹性-线性软化塑性模型进行数值模拟。即当材料未达到屈服时，用线弹性模型进行描述，进入塑性后，用 J2 线性软化模型对应变局部化的形成和发展进行模拟。J2 各向同性硬化(或软化)塑性模型[236-237]中，屈服函数为

$$F(\boldsymbol{\sigma},\ \varepsilon_{\mathrm{ep}}) = \sigma_{\mathrm{e}} - (\sigma_{\mathrm{y}} + H\varepsilon_{\mathrm{ep}}) = 0 \tag{7-1}$$

式中，$\boldsymbol{\sigma}$ 为应力张量；$\varepsilon_{\mathrm{ep}}$ 为广义塑性剪应变 ($\mathrm{d}\varepsilon_{\mathrm{ep}} = \sqrt{2\mathrm{d}e_{ij}^{\mathrm{p}}\,\mathrm{d}e_{ij}^{\mathrm{p}}/3}$)；$e_{ij}^{\mathrm{p}} = \varepsilon_{ij}^{\mathrm{p}} - \delta_{ij}\varepsilon_{mm}^{\mathrm{p}}/3$ 为塑性偏应变；σ_{e} 为广义剪应力 ($\sigma_{\mathrm{e}} = \sqrt{3\boldsymbol{s} : \boldsymbol{s}/2}$)；$\boldsymbol{s}$ 为偏应力 ($\boldsymbol{s} = \boldsymbol{\sigma} - I_1\boldsymbol{\delta}/3$, $I_1 = \sigma_{kk}$)；H 为硬化(软化)模量，在线性软化情形，H 为一负的常数。

当服从关联流动法则时，塑性应变率和内变量变化率分别为

$$\begin{cases} \dot{\boldsymbol{\varepsilon}}^{\mathrm{p}} = \dot{\lambda}\dfrac{\partial F}{\partial \boldsymbol{\sigma}} = \dot{\lambda}\dfrac{3}{2}\dfrac{\boldsymbol{s}}{\sigma_{\mathrm{e}}} \\ \dot{\varepsilon}_{\mathrm{ep}} = \dot{\lambda} \end{cases} \tag{7-2}$$

将率方程写为偏量和体积量形式为

$$\begin{cases} \dot{\boldsymbol{s}} = 2G\dot{\boldsymbol{e}} - 3G\dfrac{\boldsymbol{s}}{\sigma_{\mathrm{e}}}\dot{\lambda} \\ \dot{\sigma}_{\mathrm{m}} = 3B\dot{\varepsilon}_{\mathrm{m}} \end{cases} \tag{7-3}$$

式中，G 为弹性剪切模量；$B = E/(3-6\nu)$ 为弹性体积模量；ν 为 Poisson 比；$\varepsilon_{\mathrm{m}} = \varepsilon_{kk}/3$ 为体积应变。

一致性条件表示为

$$\frac{3}{2}\frac{\boldsymbol{s}}{\sigma_{\mathrm{e}}}:\dot{\boldsymbol{s}}-H\dot{\lambda}=0 \tag{7-4}$$

联立式(7-3)第一式和式(7-4),得

$$3G\frac{\boldsymbol{s}}{\sigma_{\mathrm{e}}}:\dot{\boldsymbol{e}}-3G\dot{\lambda}-H\dot{\lambda}=0 \tag{7-5}$$

通过式(7-5)求得 $\dot{\lambda}$ 后,即可得到塑性应变率和应力应变关系表达式。

7.2.2 率方程线性化及应力更新

在增量位移型有限元的执行中,需利用迭代法计算增量位移,而在每步迭代中需要对率型本构方程积分来更新应力。为提高计算的效率和准确性,常采用隐式"后拉"积分格式,如第 3.2.3 节中的 Euler 向后算法。下面,详细介绍对第 7.2.1 节率方程数值积分的具体算法。

在 t_n 时刻达到平衡收敛后,所有的量都已求得,将这些量视为已知量,计算 t_{n+1} 时刻的各量。这就需要在两个时间步 t_n 和 t_{n+1} 之间,积分率型本构方程得到增量应力,令两个时间步间各变量的增量用 Δ 表示。

当满足塑性加载条件时,即

$$\Delta\lambda=0,\ \Delta\lambda\cdot F=0 \tag{7-6}$$

采用向后 Euler 方法积分率方程。首先线性化率方程式(7-2),同时令屈服函数式(7-1)在 t_{n+1} 时刻得到满足,即

$$\begin{cases}\Delta\boldsymbol{\varepsilon}^{\mathrm{p}}=\Delta\lambda\dfrac{3}{2}\dfrac{\boldsymbol{s}_{n+1}}{\sigma_{\mathrm{e}}^{n+1}}\\ \Delta\varepsilon_{\mathrm{ep}}=\Delta\lambda\\ F_{n+1}=\sigma_{\mathrm{e}}^{n+1}-(\sigma_{\mathrm{y}}+H\varepsilon_{\mathrm{ep}}^{n+1})\end{cases} \tag{7-7}$$

线性化式(7－3)后，可得

$$\begin{cases} \boldsymbol{s}_{n+1} = \boldsymbol{s}_{n+1}^{\mathrm{tr}} - 3G\dfrac{\boldsymbol{s}_{n+1}}{\sigma_{\mathrm{e}}^{n+1}}\Delta\lambda \\ \sigma_{\mathrm{m}}^{n+1} = \sigma_{\mathrm{m}}^{\mathrm{tr}} = \sigma_{\mathrm{m}}^{n} + 3B\Delta\varepsilon_{\mathrm{m}} \end{cases} \tag{7-8}$$

式中，试应力 $\boldsymbol{s}_{n+1}^{\mathrm{tr}}$ 和 $\sigma_{\mathrm{m}}^{\mathrm{tr}}$ 分别为

$$\begin{cases} \boldsymbol{s}_{n+1}^{\mathrm{tr}} = \boldsymbol{s}_n + 2G\Delta\boldsymbol{e} \\ \sigma_{\mathrm{m}}^{\mathrm{tr}} = \sigma_{\mathrm{m}}^{n} + 3B\Delta\varepsilon_{\mathrm{m}} \end{cases} \tag{7-9}$$

由式(7－8)，可得

$$\begin{cases} \left(1 + 3G\dfrac{\Delta\lambda}{\sigma_{\mathrm{e}}^{n+1}}\right)\boldsymbol{s}_{n+1} = \boldsymbol{s}_{n+1}^{\mathrm{tr}} \\ \sigma_{\mathrm{e}}^{n+1} = \sigma_{\mathrm{e}}^{tr} - 3G\Delta\lambda \end{cases} \tag{7-10}$$

由式(7－7)，可得

$$\sigma_{\mathrm{e}}^{\mathrm{tr}} - H\varepsilon_{\mathrm{ep}} - \sigma_{\mathrm{y}} - 3G\Delta\lambda - H\Delta\lambda = F_{\mathrm{tr}} - 3G\Delta\lambda - H\Delta\lambda = 0 \tag{7-11}$$

最后，得到增量塑性乘积因子为

$$\Delta\lambda = \frac{F_{\mathrm{tr}}}{3G + H} \tag{7-12}$$

将式(7－12)代回式(7－8)，即可求得 t_{n+1} 时刻的偏应力。

7.2.3　一致切线模量

在对增量平衡方程进行迭代求解时，Newton-Raphson 迭代是最为常用的方法。迭代所需的总体刚度矩阵可通过弹性模量、起点切线模量和一致切线模量[236]进行组装得到。以往研究表明，一致切线模量的选用能提高 Newton-Raphson 迭代的收敛速度[238-239]。一致切线模量是与应力积分

算法相一致的，它可在应力积分过程中，通过应力增量对应变增量微分得到。令 $(\boldsymbol{\sigma}_n, \boldsymbol{\varepsilon}_n, \varepsilon_{\mathrm{ep}}^n)$ 在时刻 t_n 已知，施加一个增量应变后，计算 t_{n+1} 时刻的应力 $\boldsymbol{\sigma}_{n+1}$，具体为

$$\Delta\boldsymbol{\varepsilon} = \boldsymbol{\varepsilon}_{n+1} - \boldsymbol{\varepsilon}_n \rightarrow \boldsymbol{\sigma}_{n+1}(\boldsymbol{\sigma}_n, \boldsymbol{\varepsilon}_n, \varepsilon_{\mathrm{ep}}^n, \boldsymbol{\varepsilon}_{n+1} - \boldsymbol{\varepsilon}_n) \tag{7-13}$$

根据向后 Euler 算法，得到 t_{n+1} 时刻应力为

$$\boldsymbol{\sigma}_{n+1} = B\,tr\boldsymbol{\varepsilon}_{n+1}\boldsymbol{I} + \kappa_{n+1}\boldsymbol{n}_{n+1} \tag{7-14}$$

式中，$\boldsymbol{n} = \boldsymbol{s}/\|\boldsymbol{s}\|$。

一致切线模量定义为

$$\boldsymbol{D}_{\mathrm{consistent}}^{n+1} = \left.\frac{\partial\boldsymbol{\sigma}_{n+1}(\boldsymbol{\sigma}_n, \boldsymbol{\varepsilon}_n, \varepsilon_{\mathrm{ep}}^n, \boldsymbol{\varepsilon}_{n+1} - \boldsymbol{\varepsilon}_n)}{\partial\boldsymbol{\varepsilon}_{n+1}}\right|_{\boldsymbol{\varepsilon}=\boldsymbol{\varepsilon}_{n+1}} \tag{7-15}$$

对式(7-14)微分，得到

$$\mathrm{d}\boldsymbol{\sigma}_{n+1} = \left(B\frac{\partial tr(\boldsymbol{\varepsilon}_{n+1})}{\partial\boldsymbol{\varepsilon}_{n+1}} + \kappa_{n+1}\frac{\partial\boldsymbol{n}_{n+1}}{\partial\boldsymbol{\varepsilon}_{n+1}} + \boldsymbol{n}_{n+1}\otimes\frac{\partial\kappa_{n+1}}{\partial\boldsymbol{\varepsilon}_{n+1}}\right):\mathrm{d}\boldsymbol{\varepsilon}_{n+1} \tag{7-16}$$

将式(7-16)代入式(7-15)后，变为

$$\boldsymbol{D}_{\mathrm{Consistent}}^{n+1} = B\frac{\partial tr\boldsymbol{\varepsilon}_{n+1}}{\partial\boldsymbol{\varepsilon}_{n+1}} + \kappa_{n+1}\frac{\partial\boldsymbol{n}_{n+1}}{\partial\boldsymbol{\varepsilon}_{n+1}} + \boldsymbol{n}_{n+1}\otimes\frac{\partial\kappa_{n+1}}{\partial\boldsymbol{\varepsilon}_{n+1}} \tag{7-17}$$

式中，

$$\begin{cases}\dfrac{\partial\boldsymbol{n}_{n+1}}{\partial\boldsymbol{\varepsilon}_{n+1}} = \dfrac{2G}{\sigma_{\mathrm{e}}^{\mathrm{tr}}}\left(\boldsymbol{I} - \dfrac{1}{3}\boldsymbol{1}\otimes\boldsymbol{1} - \boldsymbol{n}_{n+1}\otimes\boldsymbol{n}_{n+1}\right) \\ \dfrac{\partial}{\partial\boldsymbol{\varepsilon}_{n+1}}[tr\boldsymbol{\varepsilon}_{n+1}] = \boldsymbol{\delta} \\ \boldsymbol{n}_{n+1}\otimes\dfrac{\partial\kappa_{n+1}}{\partial\boldsymbol{\varepsilon}_{n+1}} = \dfrac{2}{3}\left[\dfrac{H}{1+H/(3G)}\right]\boldsymbol{n}_{n+1}\otimes\boldsymbol{n}_{n+1}\end{cases} \tag{7-18}$$

经推导，式(7-17)变为

$$\boldsymbol{D}_{\text{Consistent}}^{n+1}=B\boldsymbol{\delta}\otimes\boldsymbol{\delta}+2G\beta\left[\boldsymbol{I}-\frac{1}{3}\boldsymbol{1}\otimes\boldsymbol{1}\right]-2G\left[\frac{1}{H/(3G)}-1+\beta\right]\boldsymbol{n}_{n+1}\otimes\boldsymbol{n}_{n+1}\tag{7-19}$$

式中，

$$\beta=\sqrt{\boldsymbol{s}_{n+1}:\boldsymbol{s}_{n+1}}/\sqrt{\boldsymbol{s}_{n+1}^{\text{tr}}:\boldsymbol{s}_{n+1}^{\text{tr}}}\tag{7-20}$$

当加载步增量非常小时，$\beta\approx1$，一致切线模量实际上与起点切线模量近似相等；但当加载步长较大时，存在较大差别。

7.3　非线性有限元算法

由第 6.2 节可知，有限元离散后可得如下平衡方程[237]：

$$\boldsymbol{K}_{n+1}\Delta\boldsymbol{u}_{n+1}=\boldsymbol{f}_{\text{ext}}^{n+1}-\boldsymbol{f}_{\text{int}}^{n}\tag{7-21}$$

式中，$\Delta\boldsymbol{u}_{n+1}$ 为在 t_{n+1} 时刻的增量位移；$\boldsymbol{K}_{n+1}$ 为总体刚度矩阵。$\boldsymbol{K}_{n+1}$ 可通过单元刚度矩阵 $\boldsymbol{k}_{n+1}^{\text{e}}$ 得到

$$\boldsymbol{k}_{n+1}^{\text{e}}=\int_{\Omega_{\text{e}}}\boldsymbol{B}_{\text{e}}^{\text{T}}\boldsymbol{D}_{n+1}^{\text{ep}}\boldsymbol{B}_{\text{e}}\,\text{d}\Omega\tag{7-22}$$

式中，$\boldsymbol{B}_{\text{e}}$ 为应变矩阵，采用三角形线性单元时，可由(B-3)得到；$\boldsymbol{D}_{n+1}^{\text{ep}}$ 为弹塑性矩阵。

总体外力 $\boldsymbol{f}_{\text{ext}}^{n+1}$ 也可通过组装单元外力得到

$$(\boldsymbol{f}_{\text{ext}}^{\text{e}})^{n+1}=\int_{\Omega_{\text{e}}}(\boldsymbol{f}_{i}^{\text{e}})^{n+1}\boldsymbol{N}_{\text{e}}\text{d}\Omega+\int_{\Gamma_{h}}(\boldsymbol{h}_{i}^{\text{e}})^{n+1}\boldsymbol{N}_{\text{e}}\text{d}\Omega-\int_{\Omega_{\text{e}}}\boldsymbol{B}^{\text{T}}\boldsymbol{D}_{n}^{\text{ep}}\boldsymbol{B}g_{n+1}^{\text{e}}\text{d}\Omega\tag{7-23}$$

总体内力 $\boldsymbol{f}_{\text{int}}^{n}$ 也可通过组装单元内力得到：

$$\boldsymbol{f}_{\text{int}}^{n}=\int_{\Omega_{\text{e}}}\boldsymbol{B}_{\text{e}}^{\text{T}}\boldsymbol{\sigma}_{n}\,\text{d}\Omega \tag{7-24}$$

一般地，在数值计算过程中，式(7－22)—式(7－24)中可通过 Gauss 积分(B－4)进行数值积分。

下面，我们来分析具体程序实现过程。系统在 t_n 时刻系统处于平衡状态，残差为零，即

$$\boldsymbol{R}_{n}=\boldsymbol{f}_{\text{int}}(\boldsymbol{\sigma}_{n})-\boldsymbol{f}_{\text{ext}}^{n}=0 \tag{7-25}$$

式中，$\boldsymbol{R}_n$ 称为残余力，为内力与外力的差值。接下来，需要求解的问题是当施加了荷载 $\Delta\boldsymbol{f}_{\text{ext}}^{n}$ 后，需更新位移 $\boldsymbol{u}_{n+1}=\boldsymbol{u}_{n}+\Delta\boldsymbol{u}_{n}$，内变量 $\{\boldsymbol{\varepsilon}_{n+1}^{\text{p}},(\varepsilon_{\text{eq}}^{\text{p}})_{n+1}\}$ 和应力 $\boldsymbol{\sigma}_{n+1}$ 使得式(7－25)在 t_{n+1} 时刻也得到满足。一般地，$\Delta\boldsymbol{u}_{n+1}$ 可通过迭代求得，Newton-Raphson 迭代算法的具体实现步骤为：

(1) 令 $\Delta\boldsymbol{u}_{n+1}^{i}$ 为第 i 次迭代增量结点位移

则结点位移为

$$\boldsymbol{u}_{n+1}^{i}=\boldsymbol{u}_{n}^{i}+\Delta\boldsymbol{u}_{n+1}^{i}$$

应变为

$$\boldsymbol{\varepsilon}_{n+1}^{i}=\boldsymbol{B}\boldsymbol{u}_{n+1}^{i} \tag{7-26}$$

(2) 给定每个 Gauss 积分点的应变场，应力 $\boldsymbol{\sigma}_{n+1}^{i}$ 可通过第 7.2.2 节的算法得到；

(3) 利用式(7－24)计算内力 $\boldsymbol{f}_{\text{int}}(\boldsymbol{\sigma}_{n+1}^{i})$；

(4) 若对于 $\boldsymbol{\sigma}_{n+1}^{i}$ 方程式(7－25)平衡，那么 $(\cdot)_{n+1}^{i}$ 为所要求的解；

(5) 若不满足平衡，由式(7－21)计算 $\Delta\boldsymbol{u}_{n+1}^{i}$；

线性化近似平衡方程，得到

$$[\boldsymbol{f}_{\text{int}}(\boldsymbol{\sigma}_{n+1}^{i})-\boldsymbol{f}_{\text{ext}}^{n+1}]+\frac{\partial\boldsymbol{f}_{\text{int}}(\boldsymbol{\sigma}_{n+1}^{i})}{\partial d_{n+1}^{(i)}}\Delta\boldsymbol{u}_{n+1}^{(i)}=0$$

$$\Delta \boldsymbol{u}_{n+1}^{i} = -\left[\boldsymbol{K}_{n+1}^{i}\right]^{-1}\left[\boldsymbol{f}_{\text{int}}(\boldsymbol{\sigma}_{n+1}^{i}) - \boldsymbol{f}_{\text{ext}}^{n+1}\right] \tag{7-27}$$

总体刚度矩阵 $\boldsymbol{K}_{n+1}^{i}$ 由局部刚度矩阵 $\boldsymbol{k}_{\mathrm{e}}\,|_{n+1}^{i}$ 集成得到

$$\boldsymbol{k}_{\mathrm{e}}\,|_{n+1}^{i} = \int_{B_{\mathrm{e}}} \boldsymbol{B}_{\mathrm{e}}^{\mathrm{T}}\left[\frac{\partial \sigma_{n+1}^{(i)}}{\partial \varepsilon_{n+1}^{(k)}}\right]\boldsymbol{B}_{\mathrm{e}}\,\mathrm{d}x = \int_{B_{\mathrm{e}}} \boldsymbol{B}_{\mathrm{e}}^{\mathrm{T}}\boldsymbol{D}_{\text{Consistent}}^{n+1}\,|_{n+1}^{(i)}\boldsymbol{B}_{\mathrm{e}}\,\mathrm{d}x \tag{7-28}$$

(6) 计算 $\Delta \boldsymbol{u}_{n+1}^{i}$，并使 $i = i+1$，回到 1；

(7) 更新位移、应力和内变量。

$(\bullet)_{n+1}^{i}$ 代表在时间区间 $(\bullet)_{n+1}^{i}$ 内第 i 次迭代变量的值。

7.4　非局部软化塑性模型的有限元实现

7.4.1　非局部变量数值积分

以往研究表明，要对塑性软化模型导致的病态边值进行正则化，只需将控制软化的内变量，即广义塑性剪应变 $\varepsilon_{\mathrm{ep}}$ 视为非局部量即可，而其他所有的量均视为局部量。根据第 5.2.1 节的定义，非局部广义塑性剪应变 $\hat{\varepsilon}_{\mathrm{ep}}$ 表示为

$$\hat{\varepsilon}_{\mathrm{ep}}(\boldsymbol{x}) = \int_{V} \frac{\alpha_{\infty}(\boldsymbol{x}-\boldsymbol{\xi})}{\int_{V}\alpha_{\infty}(\boldsymbol{x}-\boldsymbol{\xi})\,\mathrm{d}V_{\xi}} f(\boldsymbol{\xi})\,\mathrm{d}\boldsymbol{\xi} \tag{7-29}$$

式中，$\boldsymbol{x}$ 代表空间坐标，$\boldsymbol{\xi}$ 为临域内的点的坐标。在数值分析过程中，计算非局部变量时，若直接采用第 5.2.1 节中非局部变量的定义执行，需要对整个分析区域积分。然而，在计算一个点的非局部变量时，实际上只有在位于有效区域内的点影响较大，而之外的点影响很小，可以忽略。也就是说，只需要对分析点有效影响范围内的变量进行加权平均即可。因此，为实现数值计算的效率，我们采用双线性指数函数的截断化形式作为平均函数。

$$\alpha_{\infty}=\begin{cases}\exp\left(-\dfrac{\|\boldsymbol{x}-\boldsymbol{\xi}\|}{l}\right), & \text{if } \|\boldsymbol{x}-\boldsymbol{\xi}\|\leqslant R\\ 0, & \text{if } \|\boldsymbol{x}-\boldsymbol{\xi}\|>R\end{cases}\tag{7-30}$$

式中，R 为有效范围的半径，由特征长度 l 决定。截面形式的双线性指数平均函数见图 7－1。

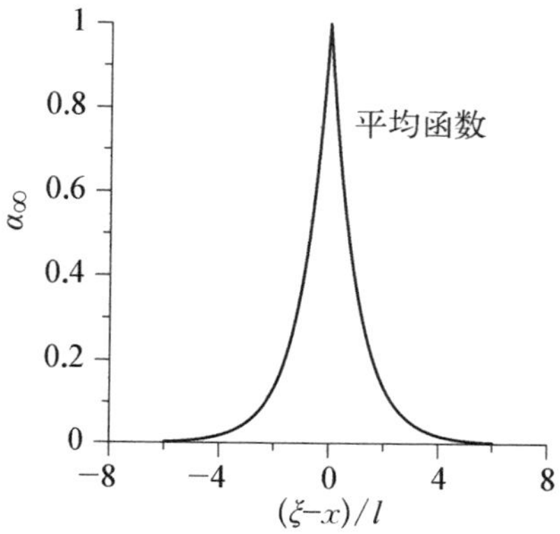

图 7－1　截断形式的双线性指数平均函数(有效区半径 $R=6l$)

第 5 章的分析表明，要有效正则化塑性软化导致的病态边值问题，需采用过非局部形式的非局部广义塑性剪应变，即

$$\begin{aligned}\hat{\varepsilon}_{\mathrm{ep}}^{\mathrm{m}}(\boldsymbol{x}) &= (1-m)\varepsilon_{\mathrm{ep}}(\boldsymbol{x})+m\hat{\varepsilon}_{\mathrm{ep}}(\boldsymbol{x})\\ &=\frac{\displaystyle\int_V\alpha_{\mathrm{m}}(\boldsymbol{x},\ \boldsymbol{\xi})\varepsilon_{\mathrm{ep}}(\boldsymbol{\xi})\mathrm{d}\boldsymbol{\xi}}{\displaystyle\int_V\alpha_{\mathrm{m}}(\boldsymbol{x},\ \boldsymbol{\xi})\mathrm{d}\boldsymbol{\xi}}\end{aligned}\tag{7-31}$$

过非局部变量的计算可通过 Gauss 积分(7－A4)得到，表示为

$$\hat{\varepsilon}_{\mathrm{ep}}^{\mathrm{m}}(\boldsymbol{x}_{\mathrm{p}})=\frac{\displaystyle\int_V\alpha_{\mathrm{m}}(\boldsymbol{x}_{\mathrm{p}},\ \boldsymbol{\xi})\varepsilon_{\mathrm{ep}}(\boldsymbol{\xi})\mathrm{d}\xi}{\displaystyle\int_V\alpha_{\mathrm{m}}(\boldsymbol{x}_{\mathrm{p}},\ \boldsymbol{\xi})\mathrm{d}\eta}$$

$$= \frac{\sum_{q=1}^{N_{GP}} w_q \alpha_m(\boldsymbol{x}_p, \boldsymbol{x}_q) \varepsilon_{ep}(\boldsymbol{x}_q)}{\sum_{k=1}^{N_{GP}} w_k \alpha_m(\boldsymbol{x}_p, \boldsymbol{x}_q)}$$

$$= \sum_{q=1}^{N_{GP}} A_{pq} \varepsilon_{ep}(\boldsymbol{x}_q) \tag{7-32}$$

$$A_{pq} = \frac{w_q \alpha_m(\boldsymbol{x}_p, \boldsymbol{x}_q)}{\sum_{k=1}^{N_{GP}} w_k \alpha_m(\boldsymbol{x}_p, \boldsymbol{x}_q)} \tag{7-33}$$

式中，w_q 为 Gauss 积分点 q 的权；N_{GP} 为网格中的全部 Gauss 积分点数。非局部变量的数值积分过程概括如图 7-2 所示。

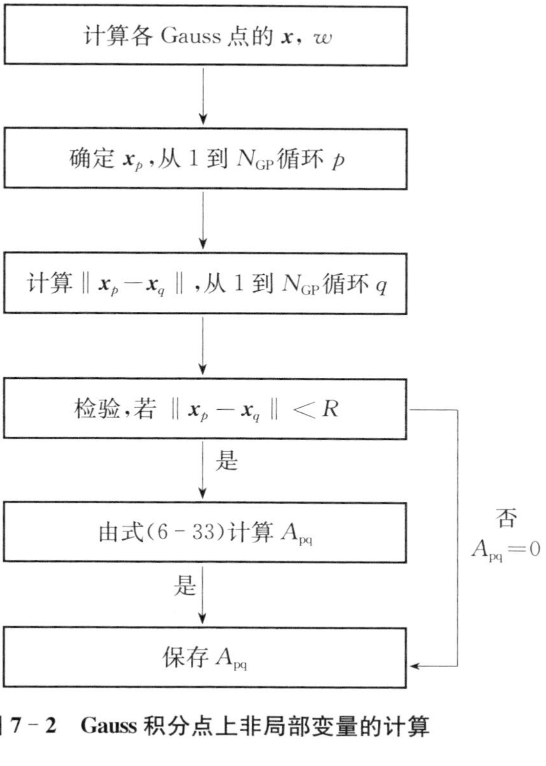

图 7-2　Gauss 积分点上非局部变量的计算

非局部变量通过有效积分范围 $R = 6l$ 内各 Gauss 积分点上的局部变量的加权平均得到，在有限元网格中的积分范围如图 7－3 所示。各点的权由平均函数得到，在小变形情形下，由于所有的偏导数和积分都可在初始构形下算得，因而式（7－31）中的非局部矩阵 **A** 只需计算和存储一次。

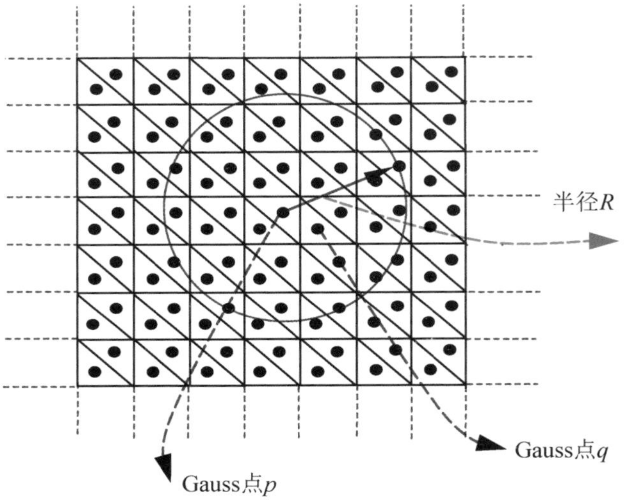

图 7－3　有限元网格中非局部变量的数值积分的影响范围

7.4.2　有限元实现

非局部模型软化塑性中，只需将屈服函数中局部形式的内变量替换为非局部量即可。将式（7－1）中的广义塑性剪应变 ε_{ep} 用式（7－31）表示的非局部量 $\hat{\varepsilon}^{m}_{ep}$ 替换后，得非局部理论的屈服函数为

$$F(\boldsymbol{\sigma},\ \kappa) = \sigma_e - (\sigma_y + H\hat{\varepsilon}^{m}_{ep}) \tag{7-34}$$

在计算过程中，非局部等效塑性应变 $\hat{\varepsilon}^{m}_{ep}$ 通过如下非局部塑性乘积因子进行更新

$$\Delta\hat{\lambda}_{\mathrm{m}}(x_p)=\sum_{q=1}^{N_{\mathrm{GP}}}A_{\mathrm{pq}}\Delta\lambda(x_q) \tag{7-35}$$

由于式(7-35)是一个空间积分,使得非局部理论的应力更新不再像局部理论一样是各个 Gauss 积分点独立进行的,而是将塑性区中所有 Gauss 积分点耦合成一个系统进行整体计算。

对第 7.2 节局部塑性模型的应力更新算法进行扩展,得到非局部理论的应力更新算法步骤为:

(1) 给定应变 $\boldsymbol{\varepsilon}_n$ 和应变增量 $\Delta\boldsymbol{\varepsilon}_n$

$$\boldsymbol{\varepsilon}_{n+1}=\boldsymbol{\varepsilon}_n+\Delta\boldsymbol{\varepsilon}_n$$

(2) 计算试应力

$$\mathbf{s}_{\mathrm{tr}}=\mathbf{s}_n+2G\Delta e,\ \sigma_{\mathrm{m}}^{\mathrm{tr}}=\sigma_{\mathrm{m}}^{n}+3B\Delta\varepsilon_{\mathrm{m}},\ \sigma_{\mathrm{e}}^{\mathrm{tr}}=(3\boldsymbol{s}_{\mathrm{tr}}:\boldsymbol{s}_{\mathrm{tr}}/2)^{1/2}$$

(3) 检验 F_{n+1}^{tr}

$$F_{n+1}^{\mathrm{tr}}=\begin{cases}0 & \text{若 } F(\sigma_{\mathrm{e}}^{\mathrm{tr}},\ \hat{\varepsilon}_{\mathrm{ep}}^{n})<0 \quad \text{令 } \varepsilon_{n+1}^{\mathrm{p}}=\varepsilon_{n}^{\mathrm{p}}\text{,退出}\\ F(\sigma_{\mathrm{e}}^{\mathrm{tr}},\ \hat{\varepsilon}_{\mathrm{ep}}^{n}) & \text{否则,转到(4)}\end{cases}$$

(4) 通过迭代计算塑性乘积因子 $\Delta\lambda_{n+1}$ 的预测值

(a) 在所有积分点初始化 $i=0$

$$\Delta\lambda_{n+1}^{i}=0,\ (\varepsilon_{\mathrm{ep}})_{n+1}^{i}=\varepsilon_{\mathrm{ep}}^{n}$$

(b) 计算塑性乘积因子

$$\Delta\lambda_{n+1}^{i+1}=\Delta\lambda_{n+1}^{i}+\frac{1}{3G+H}F_{n+1}^{i}$$

(c) 计算有效应力和偏应力

$$(\sigma_{e}^{n+1})^{i+1}=\sigma_{e}^{tr}-3G(\Delta\lambda_{n+1})^{i+1}$$

$$\boldsymbol{s}_{n+1}^{i+1}=\boldsymbol{s}_{tr}\Big/\left[1+3G\frac{(\Delta\lambda_{n+1})^{i+1}}{(\sigma_{e}^{n+1})^{i+1}}\right]$$

(d) 计算非局部变量

$$(\hat{\boldsymbol{\varepsilon}}_{ep}^{n+1})^{i+1}=\boldsymbol{\varepsilon}_{ep}^{n}+\boldsymbol{A}\Delta\boldsymbol{\lambda}_{n+1}^{i+1}$$

(e) 新的 F_{n+1}^{i+1}，排除弹性状态点

$$F_{n+1}^{i+1}=\begin{cases}0 & \text{若}\ F((\sigma_{e}^{n+1})^{i+1},\ \hat{\varepsilon}_{ep}^{n+1})<0\ \text{及}\ \Delta\lambda_{n+1}^{i+1}<0\\ F((\sigma_{e}^{n+1})^{i+1},\ (\hat{\varepsilon}_{ep}^{n+1})^{i+1}) & \text{其余情况}\end{cases}$$

(f) 检验所有积分点

$$\begin{cases}\Delta\lambda_{n+1}^{i+1}\geqslant 0\\ \Delta\lambda_{n+1}^{i+1}\cdot F_{n+1}^{i+1}=0\end{cases}$$

若满足，结束迭代，令 $\Delta\lambda_{n+1}=\Delta\lambda_{n+1}^{i+1}$

否则，令 $i=i+1$，回到(b)。

(5) 更新应力和内变量

$$\sigma_{e}^{n+1}=\sigma_{e}^{tr}-3G\Delta\lambda_{n+1},\ \boldsymbol{s}_{n+1}=\boldsymbol{s}_{tr}/(1+3G\Delta\lambda_{n+1}/\sigma_{e}^{n+1}),$$

$$\boldsymbol{\sigma}_{n+1}=\boldsymbol{s}_{n+1}+\sigma_{m}^{tr}\boldsymbol{I},\ \boldsymbol{\varepsilon}_{n+1}^{p}=\boldsymbol{\varepsilon}_{n}^{p}+\Delta\lambda_{n+1}\boldsymbol{\sigma}_{n+1}/\sigma_{e}^{n+1},\ \hat{\boldsymbol{\varepsilon}}_{ep}^{n+1}=\boldsymbol{\varepsilon}_{ep}^{n}+\boldsymbol{A}\Delta\boldsymbol{\lambda}_{n+1}$$

(6) 由式 (7-19)计算一致切线模量

其中，$\Delta\boldsymbol{\lambda}$ 集合了所有 Gauss 积分点上的局部变量值，在非局部塑性模型率方程积分算法的基础上，得到非局部有限元的执行流程如图 7-4 所示。

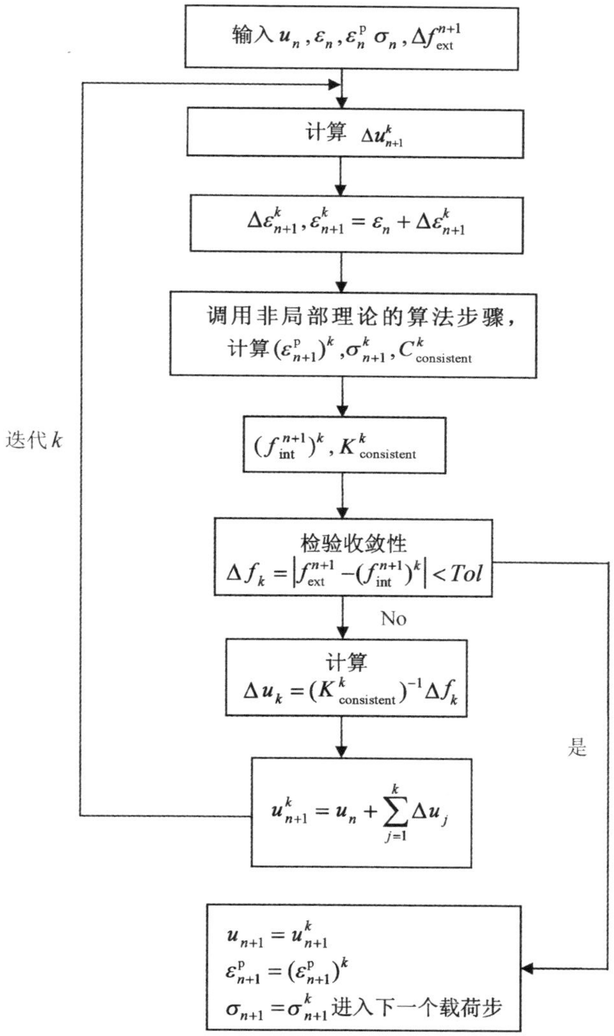

图 7-4　非局部塑性软化模型有限元计算流程

7.5 双轴试验应变局部化数值模拟

7.5.1 数值模拟

图 7-5 双轴压缩试验试样的几何尺寸(10 cm×20 cm)，左下角引入缺陷

一双轴压缩试验如图 7-5 所示，试验试样宽度 $B=10\,\text{cm}$，高度 $H=20\,\text{cm}$，厚度 $t=1\,\text{cm}$。两侧边自由，顶部和底部水平方向保持自由，为消除刚性位移，底部中心点固定。材料参数分别为弹性模量 $E=10\,\text{GPa}$；泊松比 $\nu=0.3$；屈服强度 $\sigma_0=100\,\text{MPa}$；软化模量 $H=-0.02E$。在试样顶部施加位移荷载，最大加载量为 0.5 cm。

采用三结点线性三角形单元对试件进行有限元离散，为克服应变局部化发生导致的网格锁定问题，对单元进行了优化布置。模拟中采用了粗(144 单元)、中(576 单元)、细(1 024 单元)三套网格，如图 7-6(a)所示，各网格的特性如表 7-1 所示。试样底部左下角引入一个弱单元，将其屈服强度降低 5%以触发应变局部化，分别用局部和非局部 J2 塑性软化模型进行数值模拟，其中非局部理论中，特征长度 $l=1.25\,\text{cm}$，过非局部权 $m=2.0$。

表 7-1 网格特性

网 格	单 元 数	结 点 数	自 由 度
粗	144	91	167
中	576	325	623
细	1 024	561	1 087

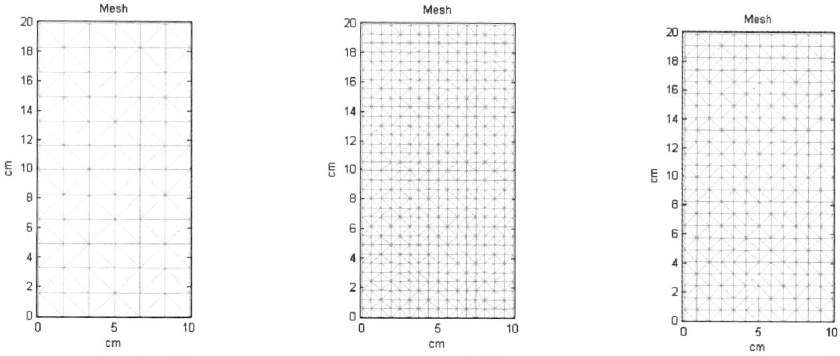

(a1) 粗网格　　(a2) 中网格　　(a3) 细网格

(a) 变形前的网格

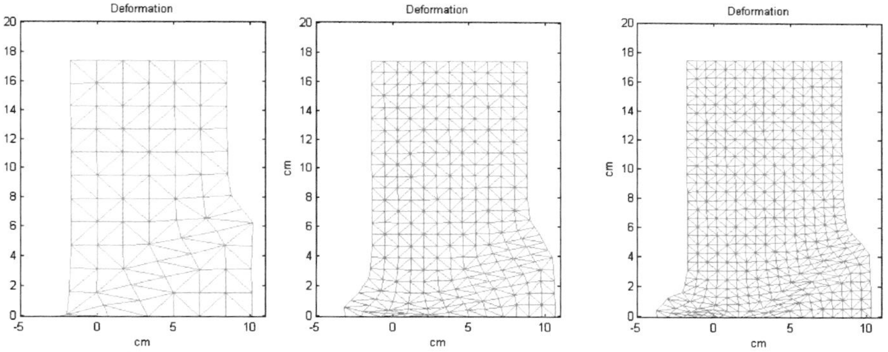

(b1) 粗网格　　(b2) 中网格　　(b3) 细网格

(b) 变形后的网格(放大 5 倍)

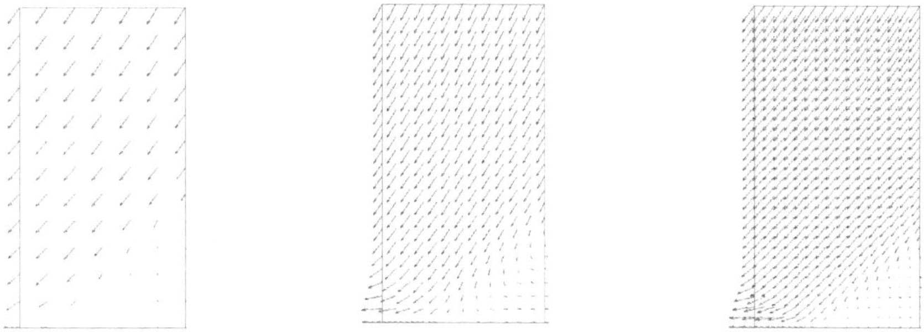

(c1) 粗网格　　(c2) 中网格　　(c3) 细网格

(c) 位移矢量图(在轴向应变为2.5%时)

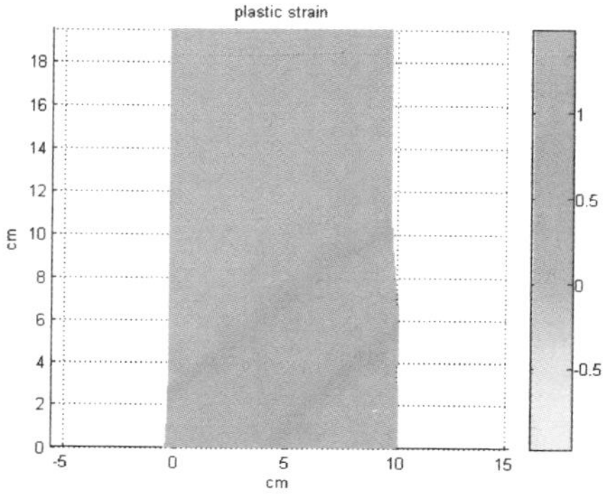

(d1) 粗网格

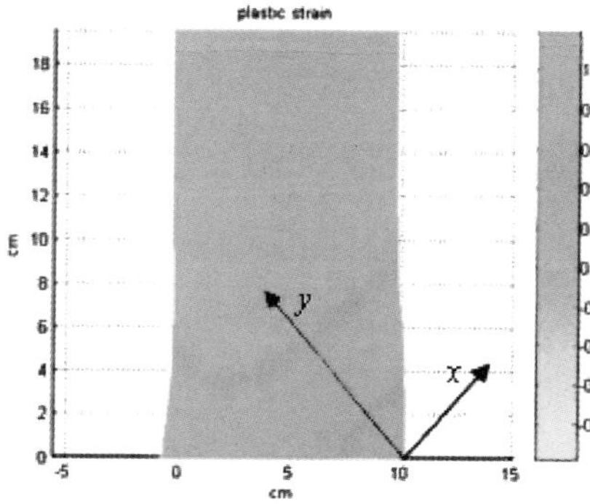

(d2) 中网格

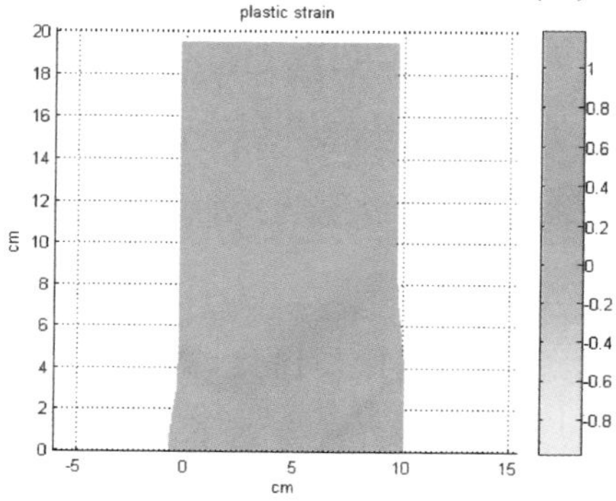

(d3) 细网格

(d) 等效塑性应变分布

图 7 - 6　非局部塑性理论模拟结果

采用局部理论模拟应变局部化时，只有在采用粗网格情形得到收敛解，中、细网格当材料刚进入塑性阶段数值解就发散了。而采用非局部理论时，三种网格都得到了收敛解答。非局部塑性模型得到的变形、位移矢量以及等效塑性应变分布见图 7 - 6(b)—图 7 - 6(d)。加载过程中等效塑性应变的演化过程如图 7 - 7 所示，当部分材料进入塑性后，等效塑性应变集中和光滑分布在一个带内，其宽度保持为约 $7.2l$。采用局部和非局部理论得到的荷载响应如图 7 - 8 所示，采用局部理论的有限元计算只在采用粗网格时才得到收敛解答，而中、细网格在计算过程中出现分叉而不能收敛。采用非局部理论在三种网格情形都成功收敛，网格细化后，得到的荷载响应曲线逼近于真解。这说明过非局部理论引入一个特征长度后，能避免计算过程中解的分叉，使得 Newton-Raphson 收敛于整体平衡。

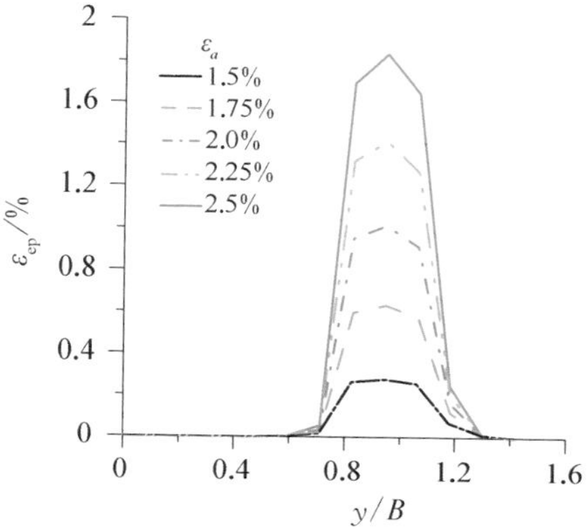

图 7-7　等效塑性应变分布和发展，轴向应变 ε_a 分别为 1.5%，1.75%，2.25%，2.5%（576 单元；m=2.0；l=1.25 cm）

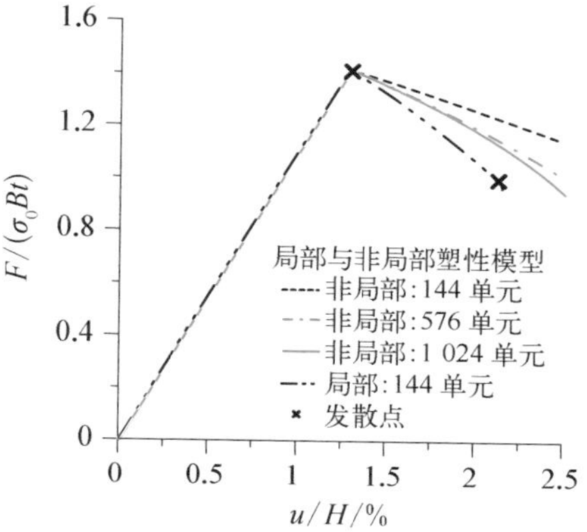

图 7-8　荷载响应"×"代表分叉点

荷载响应随过非局部参数 m 和特征长度 l 的变化特性如图 7-11 所示。当 m 一定时，l 越小，软化越强烈；当 l 一定时 m 越小，软化越强烈。这说明，特征长度和过非局部参数共同决定双轴试验的荷载响应，这与第 5 章一维静力应变局部化问题解析解和第 6 章一维数值解得出的结论相同。

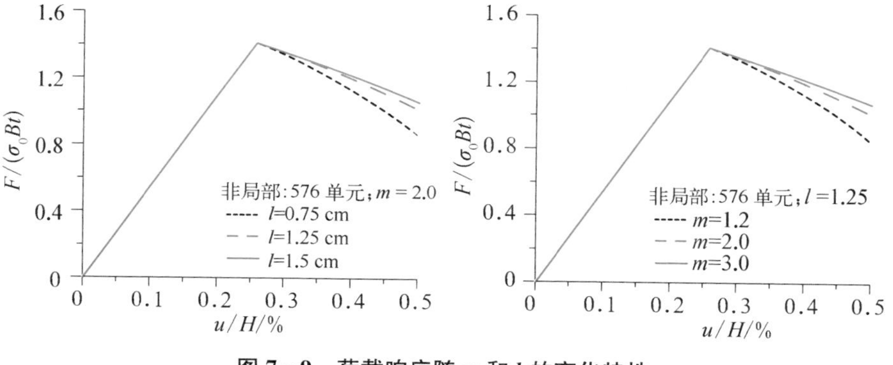

图 7-9　荷载响应随 m 和 l 的变化特性

在施加了一个荷载增量步后，采用起点切线模量和一致切线模量进行平衡迭代的误差分析见图 7-10。通过对比表明，在采用 Newton-Raphson 进行增量平衡迭代时，一致切线模量的选取能加速平衡迭代的收敛速度，能达到二次收敛的效果。

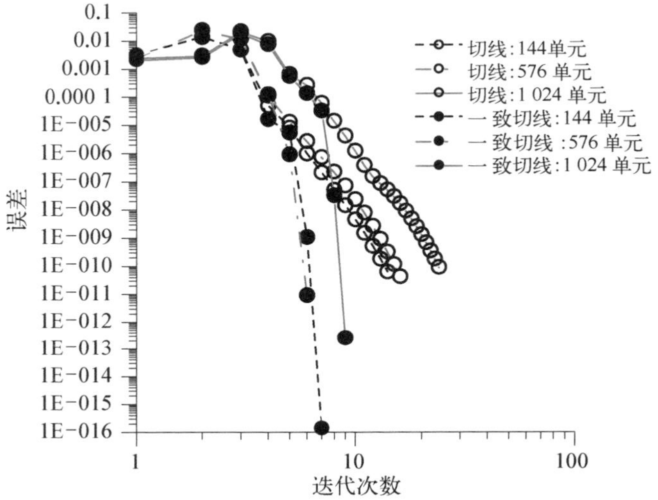

图 7-10　切线模量和一致切线模量的收敛性对比

7.5.2　谱分析

类似第 6.4 节的分析，对有限元离散平衡系统的刚度矩阵进行谱分析，研究系统的变形特性和数值解的稳定性。为应变局部化分析提供对比，首先对试件处于弹性状态时离散系统的特性进行分析；利用弹性模量计算单元刚度矩阵，并组装得到总体刚度矩阵；计算总体弹性刚度矩阵所有特征值 λ_s 和相应特征向量 $\boldsymbol{v}_s$，将特征值 λ_s 根据其绝对值从小到大编号，s 称为模态的阶；得到的特征值谱见图 7-11。从图中可以看出，三种网格情形的特征值谱形状类似，所有的特征值均为正。

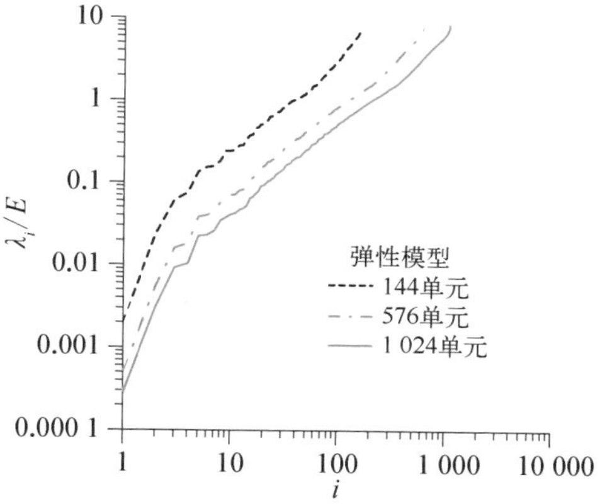

图 7-11　特征值谱(弹性模型)

将结点增量位移解分解为特征向量 $\boldsymbol{v}_s$ 的线性组合，各阶特征向量的系数见图 7-12 所示。从图中可以看出，α_s 随阶数 s 呈波动式衰减，同时，增量位移解仅由前若干阶主特征向量决定。图 7-13 给出了弹性状态时刚度矩阵的前 5 阶主特征向量。从图中可以看出，各阶变形模态都没有表现出局部化变形，表明弹性状态下，应变局部化不会发生。同时，三种网格得到的主特征向量完全相同，表明在弹性状态时，离散系统的变形特性不会随网格的细化而变化，因此得到的数值解不具有网格敏感性。

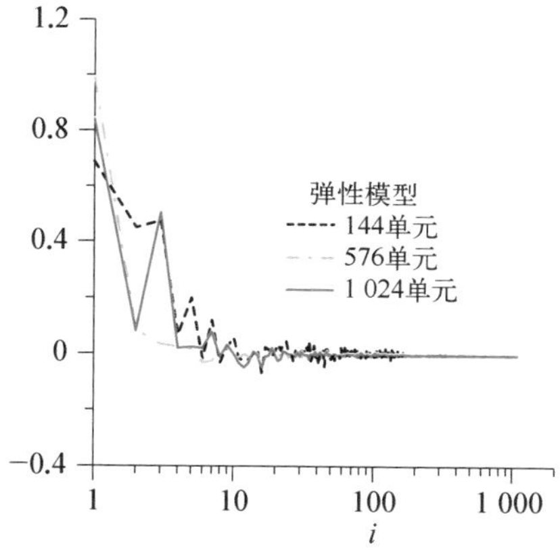

图 7-12　三种网格下得到的系数 $\boldsymbol{\alpha}_i$(弹性模型)

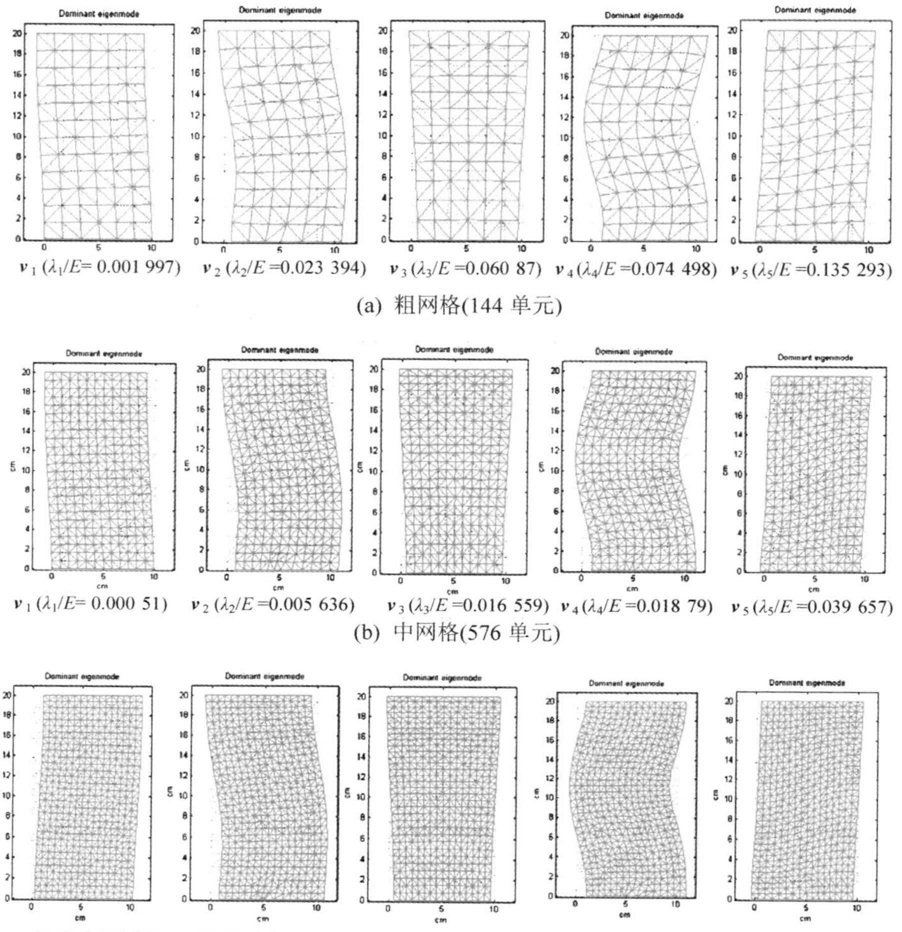

$\boldsymbol{v}_1$ (λ_1/E= 0.001 997)　$\boldsymbol{v}_2$ (λ_2/E =0.023 394)　$\boldsymbol{v}_3$ (λ_3/E =0.060 87)　$\boldsymbol{v}_4$ (λ_4/E =0.074 498)　$\boldsymbol{v}_5$ (λ_5/E =0.135 293)

(a) 粗网格(144 单元)

$\boldsymbol{v}_1$ (λ_1/E= 0.000 51)　$\boldsymbol{v}_2$ (λ_2/E =0.005 636)　$\boldsymbol{v}_3$ (λ_3/E =0.016 559)　$\boldsymbol{v}_4$ (λ_4/E =0.018 79)　$\boldsymbol{v}_5$ (λ_5/E =0.039 657)

(b) 中网格(576 单元)

$\boldsymbol{v}_1$ (λ_1/E=0.000 29)　$\boldsymbol{v}_2$ (λ_2/E =0.003 163)　$\boldsymbol{v}_3$ (λ_3/E =0.009 508)　$\boldsymbol{v}_4$ (λ_4/E =0.010 72)　$\boldsymbol{v}_5$ (λ_5/E =0.023 244)

(c) 细网格(1 024 单元)

图 7-13　规格化后的主特征向量(弹性模型)

当试样部分区域进入塑性后,应变局部化发生。对总体刚度矩阵进行谱分析以考察离散平衡方程解的固有特性,从而分析变形模式及数值解的稳定性。虽一致切线模量可提高收敛速度,但其物理意义并不如起点切线模量明确,不能准确反映离散系统特性,因而需采用起点切线模量形成总体刚度矩阵进行谱分析。起点切线刚度矩阵可通过在每个增量步中的

Newton-Raphson 平衡迭代中，令一致切线模量中的 $\beta = 1$ 得到。理论上，可在任意时刻对离散系统进行谱分析，对于本问题，仅需对应变局部化刚发生时的总体刚度矩阵进行分析。

对采用局部理论时的离散系统进行谱分析，得到的特征值谱见7－16，结果表明粗网格情形没有负特征值出现，中网格中有 2 个负特征值，细网格中有 1 个。没有负特征值出现表明解不会出现分叉，因此采用粗网格得到的增量平衡方程能够收敛。而在中、细网格中，均有负特征值出现，说明在计算过程中将分叉，即增量结点位移解不唯一，从而迭代不能收敛。特征向量分析表明，分叉后，变形模式将出现很大变异，如图 7－15 所示，前 5 阶的主特征向量（$\boldsymbol{v}_1$，$\boldsymbol{v}_2$，$\boldsymbol{v}_3$，$\boldsymbol{v}_4$，$\boldsymbol{v}_5$）在三种网格下完全不同，网格细化使变形模式出现分叉。

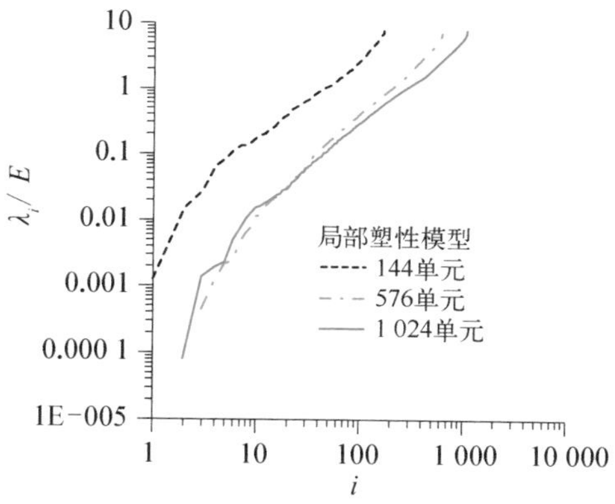

图 7－14　特征值谱(局部塑性软化模型)

采用非局部塑性软化模型计算时，所有网格都表现出良好的收敛特性，对总刚度矩阵进行谱分析得到特征值谱见图 7－16，从图中可以看出，在三种网格情形下都没有负特征值出现，说明解不会出现分叉。

将增量位移解 $\boldsymbol{\Delta u}_{n+1}$ 通过总体刚度矩阵得到的特征向量 $\boldsymbol{v}_i$ 进行分解后，得到各阶特征向量的系数谱如图 7－19 所示，从图中可看出，系数 α_s 随

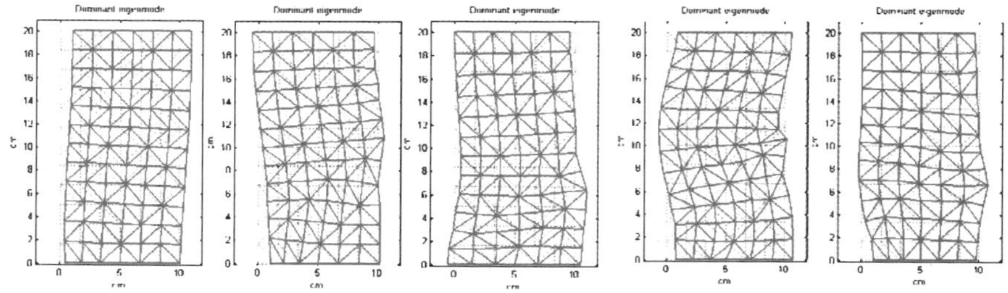

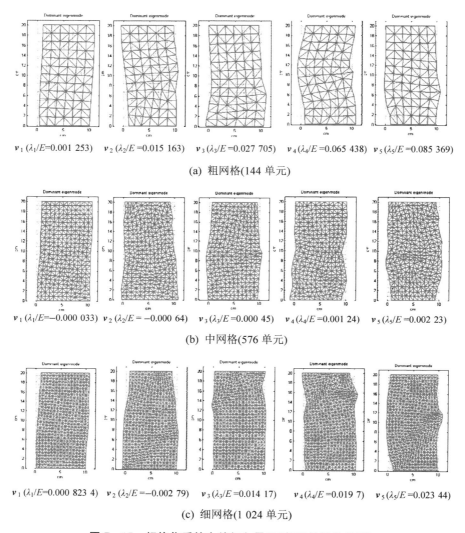

$\boldsymbol{v}_1$ (λ_1/E=0.001 253)　$\boldsymbol{v}_2$ (λ_2/E =0.015 163)　$\boldsymbol{v}_3$ (λ_3/E =0.027 705)　$\boldsymbol{v}_4$ (λ_4/E =0.065 438)　$\boldsymbol{v}_5$ (λ_5/E =0.085 369)

(a) 粗网格(144 单元)

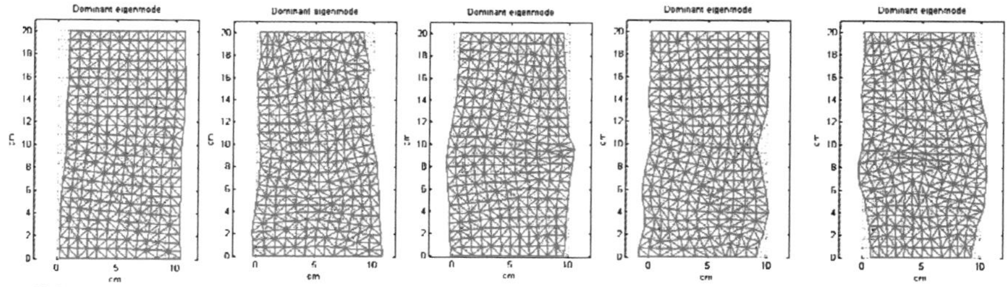

$\boldsymbol{v}_1$ (λ_1/E=−0.000 033)　$\boldsymbol{v}_2$ (λ_2/E = −0.000 64)　$\boldsymbol{v}_3$ (λ_3/E =0.000 45)　$\boldsymbol{v}_4$ (λ_4/E =0.001 24)　$\boldsymbol{v}_5$ (λ_5/E =0.002 23)

(b) 中网格(576 单元)

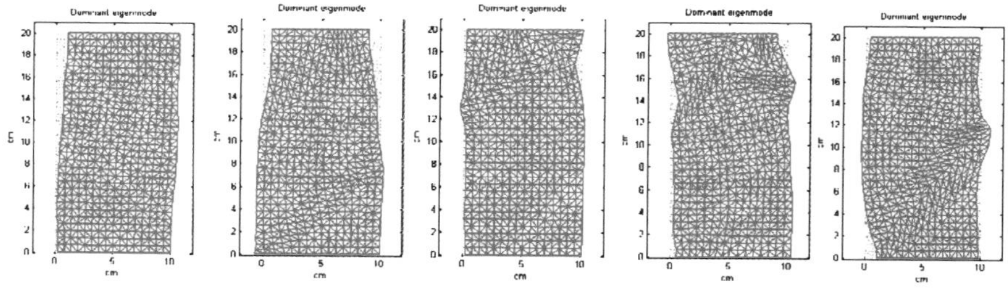

$\boldsymbol{v}_1$ (λ_1/E=0.000 823 4)　$\boldsymbol{v}_2$ (λ_2/E =−0.002 79)　$\boldsymbol{v}_3$ (λ_3/E =0.014 17)　$\boldsymbol{v}_4$ (λ_4/E =0.019 7)　$\boldsymbol{v}_5$ (λ_5/E =0.023 44)

(c) 细网格(1 024 单元)

图 7－15　规格化后的主特征向量(局部塑性软化模型)

着 s 的增大而呈波动式衰减。增量位移解同样是前几阶特征向量贡献最大，因而可通过分析主特征向量来分析离散系统的变形模式。

谱分析得到的前 5 阶主特征向量如图 7－18 所示。对比各阶特征向量表明，非局部理论得到的变形模式是光滑的且存在局部变形集中，当网格细化时，局部化带宽度始终保持一定。这表明非局部塑性软化模型由于引

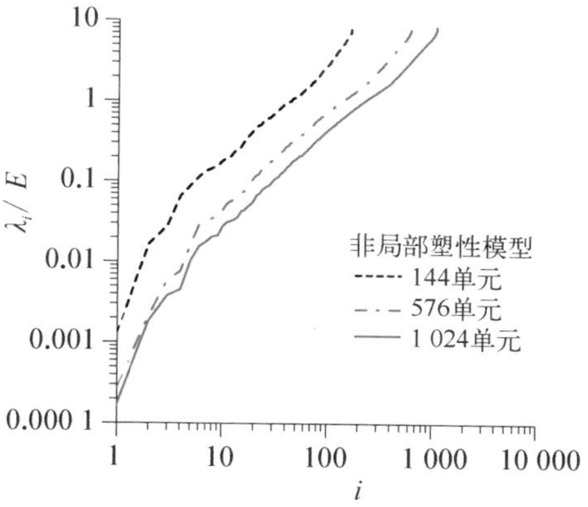

图 7－16　特征值谱(非局部塑性软化模型),所有特征值为正

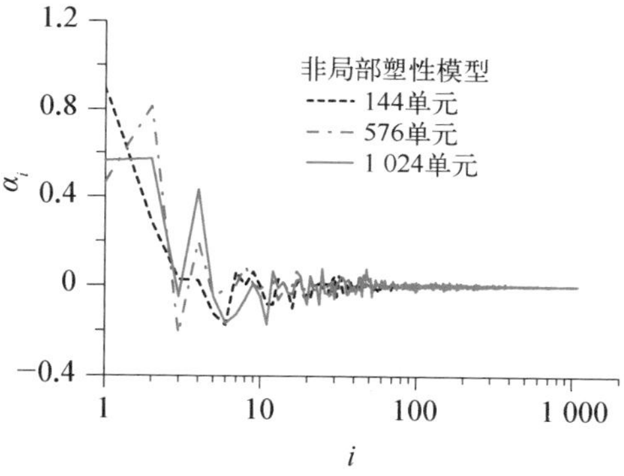

图 7－17　非局部模型的系数 $\boldsymbol{\alpha}_i$

入了一个特征长度,局部化变形集中在了稳定的变形模态中,因而三种网格得到的特征谱形状非常相似,从而数值解能完全克服网格敏感性。通过对比三种网格离散得到的特征向量可以看出,在中、细网格情形下,前 5 阶特征模态非常相似,而粗网格得到的第 4 阶和第 5 阶特征向量互相变位,变形模式实际上与局部理论的结果相似,这表明粗网格离散后的系统并没有得到有效正则化,其原因在于特征长度取得过小,小于了网格尺寸,导致 Gauss 点上的加权平均未能充分发挥效率。因此,要使得非局部理论得到有效地发挥,须使网格尺寸小于特征尺寸。

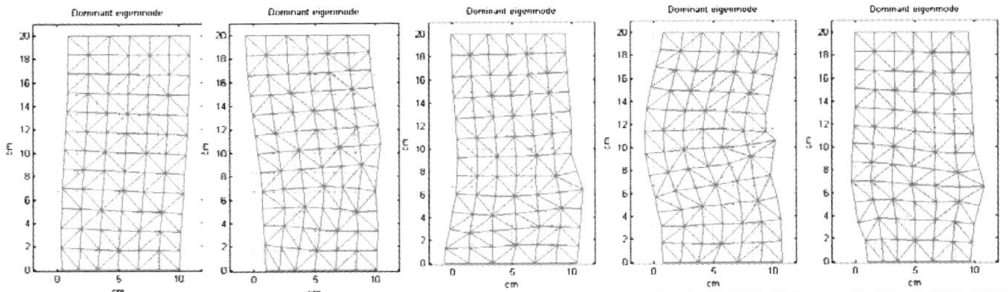

v_1 (λ_1/E =0.001 295) v_2 (λ_2/E =0.016 539) v_3 (λ_3/E =0.027 834) v_4 (λ_4/E =0.065 518) v_5 (λ_5/E =0.088 394)

(a) 粗网格(144 单元)

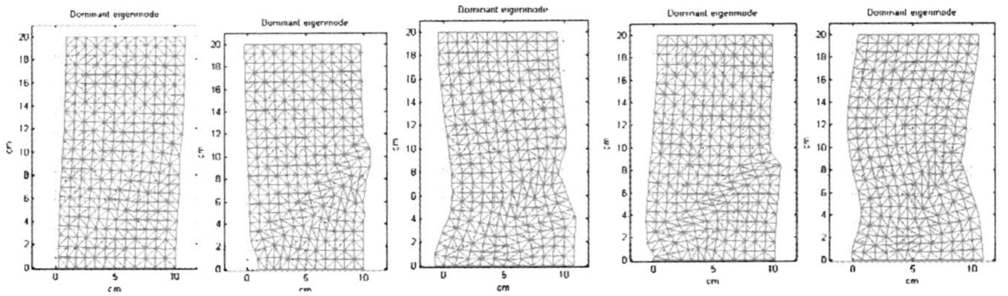

v_1 (λ_1/E =0.000 268) v_2 (λ_2/E =0.002 095) v_3 (λ_3/E =0.005 756) v_4 (λ_4/E =0.007 5) v_5 (λ_5/E =0.016 387)

(b) 中网格(576 单元)

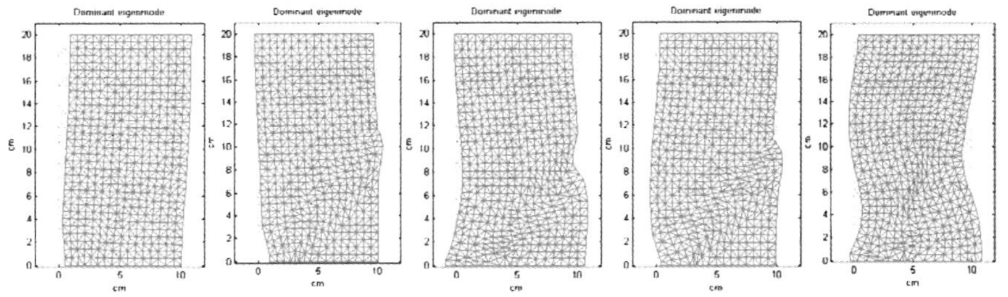

v_1 (λ_1/E =0.000 17) v_2 (λ_2/E =0.001 81) v_3 (λ_3/E =0.003 736) v_4 (λ_4/E =0.004 433) v_5 (λ_5/E =0.010 249)

(c) 细网格(1 024 单元)

图 7-18 规格化后的主特征向量(非局部塑性软化模型)

7.6 本章小结

采用局部和非局部塑性软化模型对双轴压缩试验模拟,结果表明随着网格细化,局部模型将导致解发散,而非局部模型能保证解的收敛性质。

对离散增量平衡方程总体刚度矩阵谱分析，表明局部软化塑性模型的采用将使总体刚度矩阵出现负特征值，即应变软化将导致边值问题不适定，而非局部理论则能保持刚度矩阵的所有特征值始终为正，表明不适定边值问题的正则化。通过主特征向量的分析，表明在特征长度和过非局部权保持一定时，非局部理论能保证在网格的细化过程中，局部化变形区域保持不变，这也即是非局部理论克服数值解网格敏感性的本质。

第 8 章

结语与展望

8.1 结　　语

应变局部化研究主要分为两部分内容，其一是应变局部化发生的理论预测，其二是应变局部化的数值模拟。基于当前大多数本构模型的分叉分析都不能准确预测应变局部化的发生，因而需要进行改进。应变局部化发生必然伴随着应变软化，这将导致偏微分方程变型而使得边值问题出现病态，从而使得有限元数值解不可避免地遇到网格敏感性等一系列问题。本书针对应变局部化问题的这两个研究内容，展开深入全面研究，主要研究结果概括如下：

(1) 在 $p-q$ 应力空间上基于一般形式的塑性本构模型，通过分叉理论得到了应变局部化发生的临界条件和局部化变形带角度的具体表达式。在轴对称状态下，具体分析了临界硬化模量和变形带角度随本构参数的变化特性；指出了轴对称状态下，应变局部化主要发生于软化阶段；并指出剪胀或剪缩特性实际上决定了局部化带的具体表现形式。

(2) 在常规 $p-q$ 形式的 Mohr-Coulomb 强度准则基础上，通过引入应力 Lode 角，建立合理的角隅函数对破坏面在偏平面上的形态进行改进，得到了一个适用于一般应力状态的三维强度准则。在该准则基础上，建立了一个三维 Mohr-Coulomb 模型，准确模拟了不同中主应力比状态下松砂的真三轴试验结果。

（3）引入非共轴塑性流动法则，建立了三维非共轴 Mohr-Coulomb 模型。分别基于共轴和非共轴模型的分叉分析，对平面应变状态下的密砂应变局部化试验进行理论预测，结果表明非共轴模型能明显提高预测结果的准确性，与试验结果符合较好，同时，非共轴参数对应变局部化发生点起着决定性作用。对不同中主应力比状态下砂土真三轴应变局部化试验的预测，表明中主应力比对材料分叉特性有显著影响，当中主应力比不为零时应变局部化的产生降低了土体的峰值强度。通过对比平面应变和真三轴两种应力状态的应变局部化预测，结果表明非共轴项的引入能明显改善应变局部化预测，是有必要引入的。

（4）通过一维状态下波在软化材料中的传播特性分析：表明局部模型使得动力学方程丧失双曲性，波不能传播，而采用过非局部形式的非局部理论能够有效保持动力学方程的双曲性，保持波的传播耗散特性。非局部量的引入使一致性条件变成积分方程，通过求解一个第二类 Fredholm 方程，得到了等截面拉杆静力应变局部化问题的解析解。结果表明非局部平均使塑性应变光滑分布于一个宽度固定的带内，塑性应变分布、局部化带宽和荷载响应依赖于特征长度和过非局部权的大小。进一步地，对非等截面拉杆进行应变局部化分析，结果表明控制截面积变化率的外部尺度对分析结果有较大影响，特别是当该外部尺度与特征长度接近时影响较大，而当该尺度远大于特征长度时，影响将迅速减小。同时，在加载过程中，局部化带宽不再保持为定值，而是随杆软化程度的加剧而逐渐增大的过程，但其最终尺寸仍只由特征长度决定。

（5）采用局部和非局部塑性软化模型，编制了一维有限元计算程序对一维拉杆应变局部化问题进行了数值模拟。采用局部模型得到的计算结果表现出强烈的网格依赖性，而非局部模型的计算结果则随着网格细化趋近于理论解。为合理解释造成两种不同结果的原因，引入了动力分析中常用的谱分析方法对离散系统的变形特性进行深入分析。谱分析包括了总体刚度矩阵的特征值、特征向量的求解和增量位移解的分解。特征值的正负表明了单元的弹塑性状态，分析结果表明特征长度的引入能使得塑性区大小固定。特征向量表明了离散系统的增量位移解模式，反映了杆的变形模式。局部理论得到的特征向量得到的是跳跃的变形模式，并表现出网格依赖性，表明数值解具有网格敏感性。非局部理论得到的主特征向量表现出光滑的变形模式，并表现出良好的网格客观性，从而保证了数值解的有效性。

(6) 分别采用局部和非局部形式的J2软化塑性模型，编制非线性有限元计算程序对双轴试验应变局部化问题进行数值模拟，结果表明局部模型只有在采用较粗网格情形时，才能得到收敛解答，在网格细化后，解将可能发散；非局部模型则在网格细化时能够保证解的收敛性。基于非局部模型的模拟，结果同时表明荷载响应关系实际上由特征长度和过非局部权决定，这与一维解析解和一维数值解的结论是一致的。对增量平衡方程总体刚度矩阵进行谱分析和特征值分析，结果表明局部模型在网格细化过程中将出现负特征值，表明解发生了分叉，边值问题出现病态，而非局部理论得到的特征值全部为正，避免了解的分叉，病态边值问题得到正则化。特征向量分析，表明在材料特征长度确定后，局部化变形区域大小保持固定，变形模式具有网格客观性。通过对比不同网格下的谱分析结果，表明只有当网格足够细时，非局部理论才能充分发挥效率。

8.2 展　　望

本书的应变局部化分叉理论预测和数值模拟为揭示岩土材料的破坏

机理提供了有力依据，为岩土体渐进破坏稳定性分析提供了理论基础。进一步深入开展土体的应变局部化研究及工程应用是十分必要的。今后的研究方向主要有：

（1）非共轴模型作为一种更加符合物理实际的本构模型，能合理描述非比例加载及主应力轴旋转对变形和强度特性的影响，对该模型的研究目前尚处于理论探讨阶段，将其与有限元结合并服务于工程实际是以后的研究方向。

（2）材料特征长度的确定对应变局部化模拟至关重要，目前主要是通过宏观量测的局部化带宽度来反分析确定材料的特征长度。然而由于现有的试验装置常不能完全避免边界条件的影响，因而得到的结果常不能真实反映材料的特性。采用先进的试验装置，如 Couette 试验仪消除边界效应，对于研究土体材料局部化带宽及确定材料的特征长度，是试验研究方面进一步研究方向。

（3）目前土体稳定性分析大多是建立在极限平衡基础上的，需对土体破坏机制作一个事先假设，具有一定局限性。应变局部化分析及数值模拟构成了土体渐进破坏分析的理论基础，为实际破坏机理的探讨提供了一个合理途径，有望将该理论用于研究实际岩土工程问题。

（4）在对应变局部化进行有限元数值模拟时，本书采用的模型较为简单，为服从关联流动法则的线性软化 J2 模型。但建立的数值计算平台具有很大拓展性，易于推广到各种模型以研究不同土体材料的应变局部化现象，如可以扩展到剑桥软化模型模拟超固结土中的应变局部化问题。

（5）要使非局部理论正则化机制在数值计算时能有效地发挥效率，需采用足够细的网格。然而对全局采用过细的网格又将大大增加计算耗时，通过自适应网格技术对局部化带区域的网格进行细化，无疑是一种提高计算效率的有效途径。

（6）由于非局部理论只是对有效区域内材料的力学性质进行均匀化，

并没有考虑到土体材料的固有离散特性。该理论虽成功用于了应力应变局部化的模拟，但仍没有脱离连续介质理论框架，尚缺乏深入的细观力学分析。将有限元与离散元结合，通过多尺度建模的方法深入研究应变局部化现象乃至土体渐进破坏过程是进一步发展方向。

（7）此外，将非局部理论应用到动力应变局部化问题的分析中，也是今后的一个研究方向。

参考文献

[1] Roscoe K H. The influence of strains in soil mechanics[J]. Géotechnique, 1970, 20(2): 129 - 170.

[2] Vardoulakis I, Graf B. Calibration of constitutive models for granular materials using data from biaxial experiments[J]. Géotechnique, 1985, 35(3): 299 - 317.

[3] Nemat-Nasser S, Okada N. Strain localization in particulate media[C]. in Proceedings of the 12th Engineering Mechanics Conference. LA Jolla, CA. 1998: 1009 - 1012.

[4] Han C H, Vardoulakis I. Plane strain compression experiments on water-saturated fine-grained sand[J]. Géotechnique, 1991, 41(1): 49 - 78.

[5] Yoshida T, Tatsuoka F. Deformation property of shear band in sand subjected to plane strain compression and its relation to particle characteristics[C]. in Proceedings of the International Conference on Soil Mechanics and Foundation Engineering. Balkema. 1997: 237 - 240.

[6] Vardoulakis I. Shear band inclination and shear modulus of sand in biaxial tests [J]. International Journal of Numerical and Analytical Methods in Geomechanics, 1980, 4(2): 103 - 119.

[7] Alshibli K A, Sture L S. Shear band formation in plane strain experiments of sand[J]. Journal of Geotechnical and Geoenvironmental Engineering, ASCE,

2000, 126(6): 495 - 503.

[8] Finno R J, Harris W W, Viggiani G. Shear bands in plane strain compression of loose sand[J]. Géotechnique, 1997, 47(1): 149 - 165.

[9] Vermeer P A. The orientation of shear bands in biaxial tests[J]. Géotechnique, 1990, 40(2): 223 - 236.

[10] Sterpi D. Influence of the kinematic testing conditions on the mechanical response of a sand[J]. Computers and Geotechnics, 2000, 26(1): 23 - 41.

[11] Alshibli K A, Batiste S N, Sture S. Strain localization in sand: plane strain versus triaxial compression[J]. Journal of Geotechnical and Geoenvironmental Engineering, ASCE, 2003, 129(6): 483 - 494.

[12] Hettler A, Vadoulakis I. Behavior of dry sand tested in a large triaxial apparatus [J]. Géotechnique, 1984, 34: 183 - 198.

[13] Chu J, Luo S C R, Lee I K. Strain softening and shear band formation of sand in multi-axial testing[J]. Géotechnique, 1996, 46(1): 63 - 82.

[14] Vadoulakis I. Bifurcation analysis of the triaxial test on sand samples[J]. Acta Mechanica, 1979, 32(1 - 3): 35 - 54.

[15] Yamamuro J A, Shapiro S. Failure and shear band in three dimensional experiments on loose sands[C]. 15th ASCE Engineering Mechanics Conference. New York, NY, USA. 2002.

[16] Wang Q, Lade P V. Shear banding in true triaxial tests and its effect on failure in sand[J]. Journal of Engineering Mechanics, ASCE, 2001, 127(8): 754 - 761.

[17] Lade P V, Wang Q. Analysis of shear banding in true triaxial tests on sand[J]. ASCE Journal of Engineering Mechanics, 2001, 127(8): 762 - 768.

[18] Saada A S, Liang L, Figueroa J L, et al. Bifurcation and shear band propagation in sands[J]. Géotechnique, 1999, 49(3): 367 - 385.

[19] Howell D, Behringer R P, Veje C. Stress fluctuations in a 2D granular couette experiment: a continuous transition[J]. Physical Review Letters, 1999, 82(26): 5241 - 5244.

[20] Fenistein D, van Hecke M. Wide shear zones in granular bulk flow[J]. Nature, 2003, 425(18).

[21] Mueth D M, Debregeas G F, Karczmar G S, et al. Signatures of granular microstructure in dense shear flows[J]. Nature, 2000, 406(27): 385 - 389.

[22] Goldfarb D J, Glasser B J, Shinbrot T. Shear instabilities in granular flows[J]. Nature, 2002, 415(17): 302 - 305.

[23] Unger T, Török J, Kertész J, et al. Shear band formation in granular media as a variational problem[J]. Physical Review Letters, 2004, 92(21).

[24] Morgenstern N R, Tchalenko J S. Microscopic structures in kaolin subjected to direct shear[J]. Géotechnique, 1967, 17(1): 309 - 328.

[25] Hicher P Y, Wahyudi H, Tessier D. Microstructural analysis of strain localisation in clay[J]. Computers and Geotechnics, 1994, 16: 205 - 222.

[26] 蒋明镜,沈珠江.结构性黏土剪切带的微观分析[J].岩土工程学报,1998,20(2): 102 - 108.

[27] Haied A, Kondo D. Strain localization in Fontainebleau sandstone: macroscopic and microscopic investigations[J]. International Journal of Rock Mechanics and Mining Sciences and Geomechanics Abstracts 1997, 34(3): 350.

[28] Labuz J F, Dai S T, Papamichos E. Plane-strain compression of rock-like materials[J]. International Journal of Rock Mechanics and Mining Sciences, 1996, 33(6): 573 - 584.

[29] 徐松林,吴文.岩土材料局部化变形分岔分析[J].岩石力学与工程学报,2004, 23(20): 3430 - 3438.

[30] Wong T F, David C, Zhu W. The transition from brittle faulting to cabalistic flow in porous sandstones: mechanical deformation[J]. Journal of Geophysical Research, 1997, 102(B2): 3009 - 3025.

[31] Zhang J, Wong T F, Davis D M. Micromechanics of pressure-induced grain crushing in porous rock[J]. Journal of Geophysical Research, 1990, 95: 341 - 352.

[32] Mollema P N, Antonelli M A. Compaction bands: a structural analog for anti-mode I cracks in Aeolian sandstone[J]. Tectonophysics, 1996, 267: 209-228.

[33] Olsson W A, Holcomb D J. Compaction localization in porous rock[J]. Geophysical Research Letters, 2000, 27: 3537-3540.

[34] Bésuelle P, Desrues J, Raynaud S. Experimental characterisation of the localisation phenomenon inside a Vosges sandstone in a triaxial cell[J]. International Journal of Rock Mechanics & Mining Sciences, 2000, 37: 1223-1237.

[35] Mühlhaus H B, Vardoulakis I. The thickness of shear bands in granular materials[J]. Géotechnique, 1987, 37: 271-283.

[36] Scarpelli G, Wood D M. Experimental observations of shear band pattern in direct shear tests[C]. IUTAM Conference on Deformation and Failure of Granular Materials, Delft, Holland, 1982: 473-484.

[37] Oda M, Kazama H. Microstructure of shear bands and its relation to the mechanism of dilatancy and failure of dense granular soils[J]. Géotechnique, 1998, 48(4): 465-481.

[38] Rechenmacher A L, Finno R J. Digital image correlation to evaluate shear banding in dilative sands[J]. Geotechnical Testing Journal, 2004, 27(1): 13-22.

[39] Mokni M, Desrues J. Strain localization measurements in undrained plane-strain biaxial tests on Hostun RF sand[J]. Mechanics of Cohesive-Frictional Materials, 1999, 4(4): 419-441.

[40] Alshibli K A, Sture L S. Sand shear band thickness measurements by digital imaging techniques[J]. Journal Computing in Civil Engineering, ASCE, 1999, 13(2): 103-109.

[41] de Josselin de Jong G, Frost J D. Physical evidence of shear banding at granular-continuum interfaces[C]. 15th ASCE Engineering mechanics conference, 2002.

[42] Tatsuoka F, Nakamura T, Huang C C, et al. Strength of anisotropy and shear

band direction in plane strain test of sand[J]. Soils and Foundations, 1990, 26 (1): 65 - 84.

[43] Drescher A, Lanier J. Localization of the deformation in tests on sand sample [J]. Engineering Fracture Mechanics, 1985, 121(4): 909 - 911.

[44] Arthur J F R, Dunstan T, Al-Ani Q A J, et al. Plastic deformation and failure in granular media[J]. Géotechnique, 1977, 27(1): 53 - 74.

[45] Vermeer P. A simple shear band analysis using compliances[C]. Proceding of IUTAM Conference on Deformation and Failure of Granular Materials, Delft, Netherland: Balkema, 1982: 493 - 499.

[46] Bardet J P. A comprehensive review of strain localization in elastoplastic soils [J]. Computers and Geotechnics, 1990, 10: 163 - 188.

[47] Thomas T Y. Plastic flow and fracture in solids[M]. New York: Academic Press, 1961.

[48] Hill R. Acceleration waves in solids[J]. Journal of the Mechanics and Physics of Solids, 1962, 10: 1 - 16.

[49] Mandel J. Conditions de stabilité et postulate de Drucker [C]. IUTAM symposium on Rheology and Applied Mechanics. Gernoble, 1964: 58 - 68.

[50] Rice J R, Rudnicki J W. The localization of plastic deformation[C]. in Proc. 14th int. congress on theretical and applied mechanics. Delft, 1976: 371 - 394.

[51] Rudnicki J W, Rice J R. Conditions for the localization of the deformation in pressure sensitive dilatant materials[J]. Journal of the Mechanics and Physics of Solids, 1975, 23(6): 371 - 394.

[52] Hill R, Hutchinson J W. Bifurcation phenomena in the plane tension test[J]. Journal of the Mechanics and Physics of Solids, 1975, 23: 239 - 264.

[53] Vardoulakis I, Goldscheider M, Gudehus G. Formation of shear bands in sand bodies as a bifurcation problem[J]. International Journal for Numerical and Analytical Methods in Geomechanics, 1978, 2(2): 99 - 128.

[54] Needleman A. Non-normality and bifurcation in plane strain tension and

compression[J]. Journal of the Mechanics and Physics of Solids, 1979, 27: 231 - 254.

[55] 吕玺琳,钱建固,黄茂松.基于分叉理论的轴对称条件下岩石变形带分析[J].水利学报,2008,39(3):307 - 312.

[56] Ottosen N S, Runesson K. Properties of discontinuous bifurcation solutions in elasto-plasticity[J]. International Journal of Solids and Structures, 1991, 27: 401 - 421.

[57] Molenkamp F. Comparison of frictional material models with respect to shear band initiation[J]. Géotechnique, 1985, 35(2): 127 - 143.

[58] Kolymbas D, Rombach G. Shear band formation in generalized hypoelasticity [J]. Archive of Applied Mechanics, 1989, 59: 177 - 186.

[59] Wu W, Sikora Z. Localized bifurcation in hypoplasticity [J]. International Journal of Engineering Science, 1991, 29(2): 195 - 201.

[60] Bardet J P. Orientation of shear bands in frictional soils [J]. Journal of Engineering Mechanics, ASCE, 1991, 117(7): 1466 - 1484.

[61] Vardoulakis I. Rigid granular plasticity model and bifurcation in the triaxial test [J]. Acta Mechanica, 1983, 49: 57 - 79.

[62] Perić D, Runesson K, Sture S. Evaluation of plastic bifurcation for plane strain versus axisymmetry[J]. Journal of Engineering Mechanics, ASCE, 1992, 118: 512 - 524.

[63] Sulem J, Vardoulakis I. Bifurcation analysis of the triaxial test on rock specimens. A theorietical model for shape and size effect[J]. Acta Mechanica, 1990, 83: 195 - 212.

[64] Chau K T. Non-normality and bifurcation in a compressible pressure-sensitive circular cylinder under axisymmetric tesion and compression[J]. International Journal of Solid and Structures, 1992, 29(7): 801 - 824.

[65] Lade P V. Instability, shear banding and failure in granular materials [J]. International Journal of Solids and Structures, 2002, 39: 3337 - 3357.

[66] Vardoulakis I, Sulem J. Bifurcation analysis in geomechanics [M]. Blackie Academic and Professionals, 1995.

[67] Han C H, Drescher A. Shear bands in biaxial tests on dry coarse sand[J]. Soils and Foundations, 1993, 33(1): 118 - 132.

[68] Papamichos E, Vardoulakis I. Shear band formation in sand according to non-coaxial plasticity model[J]. Géotechnique, 1995, 45(4): 649 - 661.

[69] Hashiguchi K, Tsutsumi S. Elastoplastic constitutive equation with tangential stress rate effect[J]. International Journal of Plasticity, 2001, 17(1): 117 - 145.

[70] Hashiguchi K, Tsutsumi S. Shear band formation analysis in soils by the subloading surface model with tangential stress rate effect [J]. International Journal of Plasticity, 2003, 19(10): 1651 - 1677.

[71] 钱建固,黄茂松. 土体变形分叉的非共轴理论[J]. 岩土工程学报,2004,26(6): 777 - 781.

[72] 钱建固,黄茂松,杨峻. 真三维应力状态下土体应变局部化的非共轴理论[J]. 岩土工程学报,2006,28(4): 510 - 515.

[73] 吕玺琳,黄茂松,钱建固. 基于非共轴本构模型的砂土真三轴试验分叉分析[J]. 岩土工程学报,2008,30(5): 646 - 651.

[74] Hamadi K, Razavi A M F, Darve F. Bifurcation and instability modelling by a multimechanism elasto-plastic model[J]. International Journal for Numerical and Analytical Methods in Geomechanics, 2008, 32: 461 - 492.

[75] Prevost J H, Keane C M. Multimechanism elasto-plastic model for soils[J]. Journal of Engineering Mechanics (ASCE), 1990, 116(9): 1924 - 1944.

[76] Yu H S, Yuan X. On a class of non-coaxial plasticity models for granular soils [J]. Proceedings of the Royal Society, 2006, 462: 725 - 748.

[77] de Josselin de Jong G. The double-sliding, free-rotating model for granular assemblies[J]. Géotechnique, 1971, 21: 155 - 163.

[78] Spencer A J M. A theory of the kinematics of ideal soils under plane strain conditions[J]. Journal of Mechanics and Physics of Solids, 1964, 12: 337 - 351.

[79] Darve F. An incrementally nonlinear constitutive law of second order and its application to locailzation[M]. Mechanics of Engineering Materials. John Wiley and Sons, 1984.

[80] Chambon R, Desrues J. Quelques remarques sur le probleme de la localisation en bande de cisaillement[J]. Mechanics Research Communications, 1984, 11(2): 145-153.

[81] Desrues J, Chambon R. Shear band analysis for granular materials: The question of incremental non-linearity [J]. Archive of Applied Mechanics, 1989, 59(3): 187-196.

[82] Desrues J, Chambon R, Mokni M, et al. Void ratio evolution inside shear bands in triaxial sand specimens studied by computed tomography[J]. Géotechnique, 1996, 46(3): 529-546.

[83] Finno R J, Harris W W, Viggiani G. Shear bands in plane strain compression of loose sand[J]. Géotechnique, 1997, 47(1): 149-165.

[84] Rice J R, Rudnicki W. A note on some features of theory of the locallization of deformation[J]. International Journal of Solids and Structures, 1980, 16: 507-605.

[85] Bardet J P, Proubet J. A numerical investigation of the structure of persistent shear bands in granular media[J]. Géotechnique, 1991, 41(4): 559-613.

[86] Bardet J P. Observations on the effects of particle rotations on the failure of idealized granular materials[J]. Mechanics of Materials, 1994, 18: 159-182.

[87] Sibille L, Nicot F, Donze F V, et al. Material instability in granular assemblies from fundamentally different models[J]. International Journal for Numerical and Analytical Methods in Geomechanics, 2007, 31: 451-481.

[88] Cundall P A. Numerical experiments on localization in frictional materials[J]. Archive of Applied Mechanics, 1989, 59: 148-159.

[89] Brun M, Capuani D, Bigoni D. A boundary element technique for incremental, nonlinear elasticity. Part Ⅱ: Bifurcation and shear bands[J]. Computer Methods

in Applied Mechanics and Engineering, 2003, 192: 2481 - 2499.

[90] Rabczuk T, Areias P M A, Belytschko T. A simplified mesh-free method for shear bands with cohesive surfaces[J]. International Journal for Numerical Methods in Engineering, 2007, 69(5): 993 - 1021.

[91] Zienkiewicz O C, Pastor M, Huang M. Softening, localisation and adaptive remeshing. Capture of discontinuous solutions[J]. Computational Mechanics, 1995, 17: 98 - 106.

[92] Zienkiewicz O C, Huang G C. A note on localization phenomena and adaptive finite element analysis in forming processes[J]. Communications in Applied Numerical Methods, 1990, 6: 71 - 76.

[93] Leory Y, Ortiz M. Finite element analysis of strain localization in frictional materials[J]. International Journal for Numerical and Analytical Methods in Geomechanics, 1989, 13: 53 - 74.

[94] Massart T J, Peerlings R H J, Geers M G D. An enhanced multi-scale approach for masonry wall computations with localization of damage[J]. International Journal for Numerical Methods in Engineering, 2007, 69: 1022 - 1059.

[95] Garikipati K, Hughes T J R. A study of strain localization in a multiple scale framework-The one-dimensional problem[J]. Computer method in applied mechanics and engineering, 1998, 159: 193 - 222.

[96] Garikipati K, Hughes T J R. A variational multiscale approach to strain localization-formulation for multidimensional problems[J]. Computers Methods in Applied Mechanics and Engineering, 2000, 188: 39 - 60.

[97] Tvergaard V, Needleman A, Lo K K. Flow localization in the plane strain tensile test[J]. Journal of the Mechanics and Physics of Solids, 1981, 29(2): 115 -142.

[98] Zienkiewicz O C, Taylor R L, Too J M. Reduced integration techniques in general analysis of plates and shells[J]. International Journal for Numerical Methods in Engineering, 1971, 3: 275 - 290.

[99] Malkus D S, Hughes T J R. Mixed finite element methods-reduced and selective

integration techniques: a unification of concepts[J]. Computers methods in applied mechanics and engineering, 1978, 15: 63 - 81.

[100] Hughes T J R. Generalization of selective integration procedures to anisotropic and nonlinear media[J]. International Journal for Numerical Methods in Engineering, 1980, 15: 1413 - 1418.

[101] Zienkiewicz O C, Huang M S. Localization problems in plasticity using finite elements with adaptive remeshing[J]. International Journal for Numerical and Analytical Methods in Geomechanics, 1995, 19: 127 - 148.

[102] Pastor M, Rubio C, Mira P, et al. Numerical analysis of localization[C]. Numerical Models in Geomechanics. A. A. Balkema, Rotterdam, 1992: 339 - 348.

[103] Pastor M, Peraire J, Zienkiewicz O C. Adaptive remeshing for shear band localization problems[J]. Archive of Applied Mechanics, 1991, 61: 30 - 39.

[104] Deb A D, Prevost J H, Loret B. Adaptive meshing for dynamic strain localization[J]. Computer method in applied mechanics and engineering, 1996, 137: 285 - 306.

[105] Belytschko T, Tabbara M. H-adaptive finite element methods for dynamic problems with emphasis on localization[J]. International Journal for Numerical Methods in Engineering, 1993, 36: 4245 - 4265.

[106] 黄茂松,钱建固,吴世明.土坝动应力应变局部化与渐进破坏的自适应有限元分析[J].岩土工程学报,2001,23(3): 306 - 310.

[107] 黄茂松,贾苍琴,钱建固.岩土材料应变局部化的有限元分析方法[J].计算力学学报,2007,24(4): 465 - 471.

[108] Khoei A R, Lewis R W. H-adaptive finite element analysis for localization phenomena with reference to metal powder forming[J]. Finite Elements in Analysis and Design, 2002, 38: 503 - 519.

[109] Khoei A R, Gharehbaghi S A, Tabarraie A R, et al. Error estimation, adaptivity and data transfer in enriched plasticity continua to analysis of shear

band localization[J]. Applied Mathematical Modelling, 2007, 31: 983 - 1000.

[110] Ortiz M, Leory Y, Needleman A. A finite method for localized failure analysis [J]. Computer Methods in Applied Mechanics and Engineering, 1987, 61: 189 - 214.

[111] Belytschko T, Fish J, Engelmann B E. A finite element with embedded localization zones[J]. Computer Method in Applied Mechanics and Engineering, 1988, 70: 59 - 89.

[112] Khoei A R, Karimi K. An enriched-FEM model for simulation of localization phenomenon in Cosserat continuum theory[J]. Computational Materials Science 2008, 44: 733 - 749.

[113] Babuška I, Melenk J M. The partition of unity finite element method: Basic theory and applications [J]. Computer Method in Applied Mechanics and Engineering, 1996, 139: 289 - 314.

[114] Belytschko T, Black T. Elastic crack growth in finite element with minimal remeshing[J]. International Journal of Numerical Methods in Engineering, 1999, 45: 601 - 620.

[115] Wells G N, Sluys L J. A new method for modelling cohesive cracks using finite elements[J]. International Journal of Numerical Methods in Engineering, 2001, 50: 2667 - 2682.

[116] Moës N, Dolbow J, Belytschko T. A finite element method for crack growth without remeshing [J]. International Journal for Numerical Methods in Engineering, 1999, 46: 131 - 150.

[117] Simo J C, Oliver J, Armero F. An analysis of strong discontinuities induced by strain-softening in rate-independent inelastic solids [J]. Computational Mechanics, 1993, 12: 277 - 296.

[118] Oliver J, Huespe A E, Sánchez P J. A comparative study on finite elements for capturing strong discontinuities: E-FEM vs X-FEM[J]. Computer Methods in Applied Mechanics and Engeering, 2006, 195: 4732 - 4752.

[119] Simo J C, Oliver J. A new approach to the analysis and simulation of strain softening in solids[M]. London, 1994.

[120] Oliver J. Modelling strong discontinuities in solid mechanics via strain softening constitutive equations. Part 1: Fundamentals[J]. International Journal for Numerical Methods in Engineering, 1996, 39(21): 3575 - 3600.

[121] Larrson R, Runesson K. Element-embedded localization band based on regularized displacement discontinuity[J]. Journal of Engineering Mechanics. ASCE, 1996, 122: 422 - 411.

[122] Borja R I. A finite element model for strain localization analysis of strongly discontinuous fields based on standard Galerkin approximation[J]. Computer Methods in Applied Mechanics and Engineering, 2000, 190: 1529 - 1549.

[123] Mosler J. A novel algorithmic framework for the numerical implementation of locally embedded strong discontinuities[J]. Computer Method in Applied Mechanics and Engineering, 2005, 194: 4731 - 4757.

[124] Regueiro R A, Borja R I. A finite element model of localized deformation in frictional materials taking a strong discontinuity approach[J]. Finite Elements in Analysis and Design, 1999, 33: 283 - 315.

[125] Lai T Y, Borja R I, Duvernay B G, et al. Capturing strain localization behind a geosynthetic-reinforced soil wall[J]. International Journal for Numerical and Analytical Methods in Geomechanics, 2003, 27(5): 425 - 451.

[126] Pietruszczak S, Mroz Z. Finite element analysis of deformation of strain softening materials[J]. International Journal for Numerical Methods in Engineering, 1981, 17: 327 - 334.

[127] Pietruszczak S, Niu X. On the description of localized deformation[J]. International Journal for Numerical and Analytical Methods in Geomechanics, 1993, 17: 791 - 805.

[128] 黄茂松,钱建固,吴世明. 饱和土体应变局部化的复合体理论[J]. 岩土工程学报,2002,24(1): 21 - 25.

[129] Needleman A. Material rate dependence and mesh sensitivity in localization problems[J]. Computer Methods in Applied Mechanics and Engineering, 1988, 67(1): 69 - 85.

[130] Belytschko T, Chiang H Y, Plaskacz E. High resolution two-dimensional shear band computations: Imperfections and mesh dependence[J]. Computer Methods in Applied Mechanics and Engineering, 1994, 119(1 - 2): 1 - 15.

[131] Bažant Z P. Instability, ductility, and size effect in strain softening concrete [J]. Journal of Engineering Mechanics, ASCE, 1976, 102(2): 331 - 344.

[132] Sluys L J, de Borst R. Wave propagation and localization in rate dependent crack medium, model formulation and one dimensional examples[J]. International Journal of Solids and Structures, 1992, 29: 2945 - 2958.

[133] Perzyna P, Korbel K. Analysis of the influence of various effects on criteria for adiabatic shear band localization in single crystals[J]. Acta Mechanica, 1998, 129: 31 - 62.

[134] Oka F, Higo Y, Kimoto S. Effect of dilatancy on the strain localization of water-saturated elasto-viscoplastic soil[J]. International Journal of Solids and Structures, 2002, 39(13 - 14): 3625 - 3647.

[135] Tejchman J, Wu W. Numerical simulation of shear band formation with a hypoplastic constitutive model[J]. Computers and Geotechnics, 1996, 18(1): 71 - 84.

[136] Alsaleh M I, Voyiadjis G Z, Alshibli K A. Modelling strain localization in granular materials using micropolar theory: Mathematical formulations [J]. International Journal for Numerical and Analytical Methods in Geomechanics, 2006, 30: 1501 - 1524.

[137] Alshibli K A, Alsaleh M I, Voyiadjis G Z. Modelling strain localization in granular materials using micropolar theory: Numerical implementation and verification[J]. International Journal for Numerical and Analytical Methods in Geomechanics, 2006, 30: 1525 - 1544.

[138] de Borst R, Mühlhaus H B. Gradient-dependent plasticity: formulation and algorithmic aspects [J]. International Journal for Numerical Methods in Engineering, 1992, 35: 521 - 539.

[139] Comi C. Computational modelling of gradient-enhanced damage in quasi-brittle materials[J]. Mechanics of cohesive Frictional Materials, 1999, 4(1): 17 - 36.

[140] Pijaudier-Cabot G, Bažant Z P. Non-local damage theory [J]. Journal of Engineering Mechanics, ASCE, 1987, 113(10): 1512 - 1533.

[141] Bažant Z P, Lin F B. Nonlocal yield-limit degradation[J]. International Journal for Numerical Methods in Engineering, 1988, 26: 1805 - 1823.

[142] Comi C. A non-local model with tension and compression damage mechanisms [J]. European Journal of Mechanics — A/Solids, 2001, 20: 1 - 22.

[143] Bažant Z P, Jirásek M. Nonlocal integral formulations of plasticity and damage: Survey of progress[J]. Journal of Engineering Mechanics, ASCE, 2002, 128 (11): 1119 - 1149.

[144] Maier T. Comparison of non-local and polar modelling of softening in hypoplasticity[J]. International Journal for Numerical and Analytical Methods in Geomechanics, 2004, 28: 251 - 268.

[145] Peerlings R H J, de Borst R, Brekelmans W A M, et al. Some observations on localisation in non-local and gradient damage models[J]. European Journal of Mechanics — A/Solids, 1996, 15: 937 - 953.

[146] Schreyer H L, Chen Z. one-dimensional strain softening with localization[J]. Journal of Applied Mechanics, ASME, 1986, 53: 791 - 797.

[147] Schreyer H L. Analytical Solutions for Nonlinear Strain-Gradient Softening and Localization[J]. Journal of Applied Mechanics, ASME, 1990, 57: 522 - 528.

[148] Bardet J P, Proubet J. A numerical Investigation of the structure of persistent shear bands in granular media[J]. Géotechnique, 1991, 41(4): 559 - 613.

[149] Oda M, Iwashita I, Kazama H. Micro-structure developed in shear bands of dense granular soils and its computer simulation-mechanism of dilatancy and

failure [C]. IUTAM Symposium on Mechanics of Granular and Porous Materials. Kluwer Academic Publishers: Dordrecht, 1997: 353 - 364.

[150] de Borst R, Sluys L J. Localisation in a Cosserat continuum under static and dynamic loading conditions[J]. Computer Methods in Applied Mechanics and Engineering, 1991, 90(1 - 3): 805 - 827.

[151] Willam K, Dietsche A, Iordache M M, et al. Localization in micropolar continua[C]. Continuum Models for Materials with Microstructure, Wiley: New York, 1995: 297 - 338.

[152] Huang F Y, Liang K Z. Boundary element method for micropolar thermoelasticity[J]. Engineering Analysis with Boundary Elements, 1995, 17: 19 - 26.

[153] Ristinmaa M, Vecchi M. Use of couple-stress theory in elasto-plasticity[J]. Computer Method in Applied Mechanics and Engineering, 1996, 136: 205 - 224.

[154] Tejchman J, Bauer E. Numerical simulation of shear band formation with a polar hypoplastic constitutive model[J]. Computers and Geotechnics, 1996, 19 (3): 221 - 224.

[155] Tejchman J, Górski J. Computations of size effects in granular bodies within micro-polar hypoplasticity during plane strain compression[J]. International Journal of Solids and Structures, 2008, 45(6): 1546 - 1569.

[156] Li X, Tang H. A consistent return mapping algorithm for pressure-dependent elastoplastic Cosserat continua and modeling of strain localization[J]. Computer and Structures, 2005, 83: 1 - 10.

[157] Belytschko T, Black T. Elastic Crack Growth in Finite Elements With Minimal Remeshing[J]. International Journal for Numerical Methods in Engineering, 1999, 45(5): 601 - 620.

[158] Toupin R A. Theories of elasticity with couple-stress[J]. Archive for Rational Mechanics and Analysis, 1964, 17: 88 - 112.

[159] Mindlin R D. Micro-structure in linear elasticity[J]. Archive for Rational Mechanics and Analysis, 1964, 16: 51 - 78.

[160] Dillon O W, Kratochvil J. A strain gradient theory of plasticity [J]. International Journal of Solids and Structures, 1970, 6: 1513 - 1533.

[161] Fleck N A, Hutchinson J W. A phenomenological theory for strain gradient efects in plasticity[J]. Journal of the Mechanics and Physics of Solids, 1993, 41: 1825 - 1857.

[162] Fleck N A, Hutchinson J W. Strain gradient plasticity[J]. Advances in Applied Mechanics, 1997, 33: 295 - 361.

[163] Aifantis E C. On the microstructural origin of certain inelastic models[J]. Journal of Engineering Materials and Technology ASME, 1984, 106: 326 -330.

[164] de Borst R, Sluys L J, Mühlhaus H B, et al. Fundamental issues in finite element analysis of localization of deformation[J]. Engineering Computations, 1993,10: 99 - 121.

[165] Lasry D, Belytschko T. Localization limiters in transient problems [J]. International Journal of Solids and Structures, 1988, 24: 581 - 597.

[166] Aifantis E C. On the role of gradients in the localization of deformation and fracture [J]. International Journal of Engineering Science, 1992, 30: 1279 - 1299.

[167] Zbib H M, Aifantis E C. On the gradient-dependent theory of plasticity and shear banding[J]. Acta Mechanica, 1992, 92: 209 - 225.

[168] Comi C, Perego U. A generalized variable formulation for gradient dependent softening plasticity [J]. International Journal for Numerical Methods in Engineering, 1996, 39: 3731 - 3755.

[169] Peerlings R H J, de Borst R, Brekelmans W A M, et al. Gradient-enhanced damage for quasi-brittle materials [J]. International Journal for Numerical Methods in Engineering, 1996, 39: 3391 - 3403.

[170] Geers M G D, Engelen R A B, Ubachs R L J M. On the numerical modelling of

ductile damage with an implicit gradientenhanced formulation[J]. International Journal for Numerical Methods in Engineering，2003，56：2039 -2068.

[171] Aifantis E C. The physics of plastic deformation[J]. International Journal of Plasticity，1987，3：211 - 247.

[172] Abu Al-Rub R K，Voyiadjis G Z. A direct finite element implementation of the gradient-dependent theory[J]. International Journal for Numerical Methods in Engineering，2005，63：603 - 629.

[173] Fernandes R，Chavant C，Chambon R. A simplified second gradient model for dilatant materials：Theory and numerical implementation [J]. International Journal of Solids and Structures，2008，45(20)：5289 - 5307.

[174] 李锡夔，Cescotto S. 梯度塑性的有限元分析及应变局部化分析[J]. 力学学报，1996，28(5)：575 - 584.

[175] 朱以文，徐晗，蔡元奇，等. 边坡稳定的剪切带计算[J]. 计算力学学报，2007，24(4)：441 - 446.

[176] 赵吉东，周维垣，刘元高. 岩石类材料应变梯度损伤模型研究及应用[J]. 水利学报，2002，7：70 - 74.

[177] de Borst R，Pamin R H，Peerlings R H J，et al. On gradient-enhanced damage and plasticity models for failure in quasi-brittle and frictional materials[J]. Computational Mechanics，1996，17：130 - 141.

[178] Chen J S，Wu C T，Belytschko T. Regularization of material Instabilities by meshfree approximation with Intrinsic length scales[J]. International Journal of Numerical Methods in Engineering，2000，47：1303 - 1322.

[179] Chen J S，Zhang X，Belytschko T. An Implicit gradient model by a reproducing kernel strain regularization in strain localization problems [J]. Computer Methods in Applied Mechanics and Engineering，2004，193：2827 - 2844.

[180] Eringen A C. A unified theory of thermomechanical materials[J]. International Journal of Engineering Science，1966，4：179 - 202.

[181] Eringen A C. On nonlocal plasticity[J]. International Journal of Engineering

Science, 1981, 19: 1461 - 1474.

[182] Eringen A C. Theories of nonlocal plasticity [J]. International Journal of Engineering Science, 1983, 21: 741 - 751.

[183] de Borst R. Some recent issues in computational failure mechanics [J]. International Journal for Numerical Methods in Engineering, 2001, 52: 63 - 95.

[184] Bažant Z P, Belytschko T, Chang T P. Continuum theory for strain softening [J]. Journal of Engineering Mechanics, ASCE, 1984, 110: 1666 - 1692.

[185] Bažant Z P, Chang T P. Instability of nonlocal continuum and strain averaging [J]. Journal of Engineering Mechanics, ASCE, 1984, 110: 1441 - 1450.

[186] Vermeer P A, Brinkgreve R B J. A new effective non-local strain measure for softening plasticity[C]. Localization and Bifurcation Theory for Soil and Rocks, Rotterdam: Balkema, 1994: 89 - 100.

[187] Strömberg L, Ristinmaa M. FE-formulation of a nonlocal plasticity theory[J]. Computer Methods in Applied Mechanics and Engineering, 1996, 136: 127 -144.

[188] Luzio G D, Bažant Z P. Spectral analysis of localization in nonlocal and over-nonlocal materials with softening plasticity or damage [J]. 2005, 42(23): 6071 - 6100.

[189] Peerlings R H J, Geers M G D, deBorst R, et al. A critical comparison of nonlocal and gradient-enhanced softening continua[J]. International Journal of Solids and Structures, 2001, 38: 7723 - 7746.

[190] Drucker D C. On uniqueness in the theory of plasticity[J]. The Quarterly of Applied Mathematics, 1956, 14: 35 - 42.

[191] Bishop J F W, Hill R. A theory of the plastic distortion of a polycrystalline aggregate under combined stresses[J]. Philosophical Magazine Letters, 1951, 42: 414 - 427.

[192] Mróz Z. Non-associated flow laws in plasticity[J]. Journal de Mécanique, 1963, 2: 21 - 42.

[193] Lade P V. Instability and failure of soils with nonassociated flow [C]. Proceedings of the Twelvth International Conference on Soil Mech. Found. Eng., Rio de Janeiro, Brazil, 1989: 727 - 730.

[194] Valanis K C. Banding and stability in plastic materials[J]. Acta Mechanica, 1989, 79: 113 - 141.

[195] Hill R. A general thoery of uniqueness and stability in elastic-plastic solids[J]. Journal of Mechanics and Physics of Solids, 1958, 6: 236 - 249.

[196] Borja R I, Aydin A. Computational modeling of deformation bands in granular media. I. Geological and mathematical framework [J]. Computer Methods in Applied Mechanics and Engineering, 2004, 193: 2667 - 2698.

[197] Antonellini M A, Aydin A, Pollard D D. Microstructure ofdeformation bands in porous sanstones at Arches National Park, Utah[J]. Journal of Structural Geology, 1994, 16: 941 - 959.

[198] Baud P, Klein E, Wong T F. Compaction localization in porous sandstones: Spatial evolution of damage and acoustic emission activity [J]. Journal of Structural Geology, 2004, 26(4): 603 - 624.

[199] 曾亚武,赵震英,朱以文.岩石材料破坏形式的分叉分析[J].岩石力学与工程学报,2002,21(7): 948 - 952.

[200] Issen K A. Conditions for localized deformation in compacting porous rock[D]. Thesis, Evanston: Northwestern University, 2000.

[201] Bernard X D, Eichhubl P, Aydin A. Dilation bands: A new form of localized failure in granular media [J]. Geophysical Research Letters, 2002, 29 (24): 2176.

[202] Perrin G, Leblond J B. Rudnicki and Rice's analysis of strain localization revisited, Journal of Applied Mechanics [J]. Journal of Applied Mechanics, ASME, 1993, 60: 842 - 846.

[203] Issen K A. The influence of constitutive models on localization conditions for porous rock[J]. Engineering Fracture Mechanics, 2002, 69: 1891 - 1906.

[204] DiMaggio F L, Sandler I S. Material model for granular soils[J]. Journal of Engineering Mechanics. ASCE, 1971, 97(3): 935 - 950.

[205] Grueschow E, Rudnicki J W. Elliptic yield cap constitutive modeling for high porosity sandstone[J]. International Journal of Solids and Structures, 2005, 42: 4574 - 4587.

[206] Carroll M M. A critical state plasticity theory for porous reservoir rock[J]. ASME, 1991, 117.

[207] Rudnicki J W. Shear and compaction band formation on an elliptic yield cap[J]. Journal of Geophysical Research, 2004, 109(B03402).

[208] Shah K R. An elasto-plastic constitutive model for brittle-ductile transition in porous rocks[J]. International Journal of Rock Mechanics and Mining Sciences, 1997, 34(3 - 4).

[209] Bied A E, Sulem J, Martineau F. Microstructure of shear zones in Fontainebleau sandstone [J]. International Journal of Rock Mechanics and Mining Sciences, 2002, 39(7): 917 - 932.

[210] Lade P V, Kim M K. Single hardening constitutive model for frictional materials II. Yield criterion and plastic work contours [J]. Computers and Geotechnics, 1988, 6.

[211] Matsuoka H, Nakai T. Stress-strain relationship of soil based on the "SMP" [C]. 9th International Conference on Soil Mechanics and Foundation Engineering, 1977.

[212] 邹博,姚仰平,路德春.变换应力三维化方法在清华模型中的应用[J].岩石力学与工程学报,2005,24(23): 4303 - 4307.

[213] 孙德安,姚仰平,殷宗泽.基于 SMP 准则的双屈服面弹塑性模型的三维化[J].岩土工程学报,1999,21(5): 631 - 634.

[214] Bishop A W. The strength of soils as engineering materials[J]. Géotechnique, 1966, 16(2): 91 - 130.

[215] Lade P V, Duncan J M. Cubical triaxial tests on cohesionless soil[J]. Journal

of Soil Mechanics and Foundation Engineering Division, ASCE, 1973, 99(10): 793 - 812.

[216] Bardet J P. Lode dependences for pressure-sensitive isotropic elastoplastic materials[J]. Journal of Applied Mechanics, ASME, 1990, 57: 498 - 506.

[217] William K J, Warnke E P. Constitutive model for the triaxial behavior of concrete[C]. Inlernational Association for Bridge and Structure Engineering Proceedings, Bergamo, Italy, 1975.

[218] 吕玺琳,黄茂松,钱建固. 真三轴状态下砂土强度参数[J]. 岩土力学,2009, 30(4).

[219] Pietruszczak S, Stolle D F E. Modeling of sand behavior under earthquake excitation[J]. International Journal of Numerical and Analytical Methods in Geomechanics, 1987, 11: 221 - 240.

[220] Shapiro S, Yamamuro J A. Effects of silt on three-dimensional stress-strain behavior of loose sand[J]. Journal of Geotechnical and Geoenvironmental Engineering, ASCE, 2003, 129(1): 1 - 10.

[221] Qian J G, Yang J, Huang M S. Three-dimensional noncoaxial plasticity modeling of shear band formation in geomaterials[J]. Journal of Engineering Mechanics, ASCE, 2008, 134(4): 322 - 329.

[222] Bakhvalov N S, Panassenko G P. Homogenisation: Averaging Processes in Periodic Media[M]. Kluwer Academic Publishers, 1989.

[223] Vardoulakis I, Aifantis E C. A gradient flow theory of plasticity for granular materials[J]. Acta Mechanica, 1991, 87: 197 - 217.

[224] Jirásek M, Rolshoven S. Comparison of integral-type nonlocal plasticity models for strain-softening materials[J]. International Journal of Engineering Science, 2003, 41: 1553 - 1602.

[225] Peerlings R H J, de Borst R, Brekelmans W A M, et al. Some observations on localisation in non-local and gradient damage models[J]. European Journal of Mechanics — A/Solids, 1996, 15(937 - 953).

[226] Bažant Z P, Pijaudier-Cabot G. Non-local continum damage, localization instability and convergence[J]. Journal of Applied Mechanics, ASME, 1988, 55: 287 - 293.

[227] Pijaudier-Cabot G, Benallal A. Strain localization and bifurcation in a nonlocal continuum[J]. International Journal of Solids and Structures, 1993, 30(13): 1761 - 1775.

[228] Askes H, Pamin J, de Borst R. Dispersion analysis and element-free Galerkin solutions of second- and fourth-order gradientenhanced damage models[J]. International Journal for Numerical Methods in Engineering, 2000, 49: 811 - 832.

[229] de Borst R, Pamin J, Peerlings R H J, et al. On gradient-enhanced damage and plasticity models for failure in quasibrittle and frictional materials [J]. Computational Mechanincs, 1995, 17(1): 130 - 141.

[230] Polyanim A D, Manzhirov A V. Hand book of integral equations[M]. CRC Press, 1998.

[231] Jirásek M. Nonlocal models for damage and fracture: comparison of approaches [J]. International Journal of Solids and Structures, 1998, 35(31 - 32): 4133 - 4145.

[232] Jackiewicz J, Kuna M. Non-local regularization for FE simulation of damage in ductile materials [J]. Computational Materials Science, 2003, 28(3 - 4): 684 - 695.

[233] Craig R R J. Structural dynamics: an introduction to computer methods[M]. New York: John Wiley and Sons, 1981.

[234] Bardet J P. Finite element analysis of plane strain bifurcation within compressible solids[J]. Computers and Structures, 1990, 36(6): 993 - 1007.

[235] Belytschko T B, Liu W K, Moran B. Nonlinear finite elements for continua and structures[M]. New York: John Wiley & Sons, 2000.

[236] Simo J C, Hughes T J R. Computational inelasticity[M]. New York, NY:

Springer-Verlag, 1998.

[237] Belytschko T, Liu W K, Moran B. Nonlinear finite elements for continua and structures[M]. New York: John Wiley and Sons, 2000.

[238] Simo J C, Taylor R L. Consistent tangent operators for rate-independent elastoplasticity[J]. Computer Methods in Applied Mechanics and Engeering, 1985, 48: 101 - 118.

[239] Shabana A A. Computational Continuum Mechanics[M]. Cambridge University Press, 2008.

附　录

附录 A　第二类 Fredholm 方程的求解

一般地，积分方程表示为

$$y(x)+A\int_a^b K(x,\ \xi)y(\xi)\mathrm{d}\xi=f(x) \tag{A-1}$$

式中，$y(x)$ 为未知函数；$f(x)$ 为一给定函数；$K(x,\ \xi)$ 为方程的核函数(Kernal function)，为一给定函数。若核函数 $K(x,\ \xi)$ 为一个连续函数或至少为一个在区域 $S=\{a\leqslant x\leqslant b, a\leqslant \xi\leqslant b\}$ 内的可积函数，那么这样的核函数为 Fredholm 核。此时，式(A-1)即为一个第二类的 Fredholm 方程[230]。

当 $K(x,\ \xi)$ 采用双线性指数函数(式(5-3))时，式(A-1)变为

$$y(x)+A\int_a^b \mathrm{e}^{\lambda|x-\xi|}y(\xi)\mathrm{d}\xi=f(x) \tag{A-2}$$

式(A-2)的解可通过求解如下二阶常微分方程(ODE)得到

$$\frac{\partial^2 y(x)}{\partial x^2}+\lambda(2A-\lambda)y(x)=\frac{\partial^2 f(x)}{\partial x^2}-\lambda^2 f(x) \tag{A-3}$$

同时得到在 $x=a$ 和 $x=b$ 的边界条件：

$$\begin{cases}\dfrac{\partial y(a)}{\partial x}+\lambda y(a)=\dfrac{\partial f(a)}{\partial x}+\lambda f(a)\\ \dfrac{\partial y(b)}{\partial x}-\lambda y(b)=\dfrac{\partial f(b)}{\partial x}-\lambda f(b)\end{cases}\tag{A-4}$$

式(A-3)的解根据 $\Delta=\lambda(2A-\lambda)$ 的正负分为三种情形：

(1) $\Delta<0$

$$y(x)=C_1\cosh(kx)+C_2\sinh(kx)+f(x)-\frac{2A\lambda}{k}\int_a^x\sinh[k(x-t)]f(t)dt\tag{A-5}$$

式中，$k=\sqrt{-\Delta}$；C_1 和 C_2 为任意常数，可通过式(A-4)得到。

当 $f(x)=f$ 为一常数，对式(A-5)的第三项积分后，变为

$$y(x)=C_1\cosh(kx)+C_2\sinh(kx)+f+\frac{2A\lambda}{k^2}f\cosh[k(x-t)]\Big|_a^x\tag{A-6}$$

式(A-6)也可表示为

$$y(x)=C_1'\cosh(kx)+C_2'\sinh(kx)+f\left(1+\frac{2A\lambda}{k^2}\right)\tag{A-7}$$

式中，$C_1'=C_1+\dfrac{2A\lambda}{k^2}f\cosh(ka)$；$C_2'=C_2-\dfrac{2A\lambda}{k^2}f\sinh(ka)$。

(2) $\Delta=0$

$$y(x)=C_1+C_2x+f(x)-4A^2\int_a^x(x-t)f(t)\mathrm{d}t\tag{A-8}$$

(3) $\Delta>0$

$$y(x) = C_1\cos(kx) + C_2\sin(kx) + f(x) - \frac{2A\lambda}{k}\int_a^x \sin[k(x-t)]f(t)\mathrm{d}t \tag{A-9}$$

式中，$k=\sqrt{\Delta}$。

当 $f(x)=f$ 为一常数，采用情形(1)相同的分析，式(A－9)成为

$$y(x) = C_1'\cos(kx) + C_2'\sin(kx) + f\left(1-\frac{2A\lambda}{k^2}\right) \tag{A-10}$$

式中，$C_1' = C_1 - \frac{2A\lambda}{k^2}f\cos(ka)$；$C_2' = C_2 - \frac{2A\lambda}{k^2}f\sin(ka)$。

附录 B

三结点三角形单元线性形状函数为

$$\boldsymbol{N}^{\mathrm{e}} = [\boldsymbol{I}N_i^{\mathrm{e}} \quad \boldsymbol{I}N_j^{\mathrm{e}} \quad \boldsymbol{I}N_m^{\mathrm{e}}] \tag{B-1}$$

$$\begin{cases} N_i^{\mathrm{e}} = \dfrac{1}{2A^{\mathrm{e}}}[x_j y_m - x_m y_j + (y_j - y_m)x + (x_m - x_j)y] \\ N_j^{\mathrm{e}} = \dfrac{1}{2A^{\mathrm{e}}}[x_m y_i - x_i y_m + (y_m - y_i)x + (x_i - x_m)y] \\ N_m^{\mathrm{e}} = \dfrac{1}{2A^{\mathrm{e}}}[x_i y_j - x_j y_i + (y_i - y_j)x + (x_j - x_i)y] \end{cases} \tag{B-2}$$

式中，$\boldsymbol{I} = \begin{bmatrix} 1 & 0 \\ 0 & 1 \end{bmatrix}$；$2A^{\mathrm{e}} = (x_j y_m - x_m y_j) - (x_i y_m - x_m y_i) + (x_i y_j - x_j y_i)$，$(x_i, y_i)$，$(x_j, y_j)$，$(x_m, y_m)$ 分别为结点 i，j，m 的整体坐标，如图 B－1 所示。

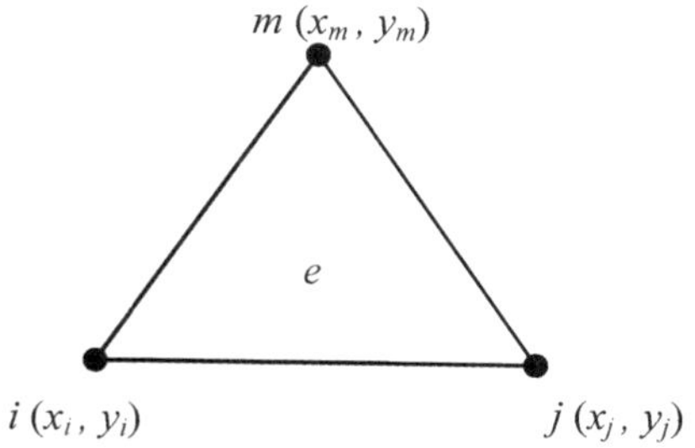

图 B-1　三结点线性三角形单元

应变矩阵为

$$
\boldsymbol{B}^{\mathrm{e}}=\frac{1}{2A^{\mathrm{e}}}\begin{bmatrix}(y_j-y_m) & 0 & (y_m-y_i) & 0 & (y_i-y_j) & 0\\ 0 & (x_m-x_j) & 0 & (x_i-x_m) & 0 & (x_j-x_i)\\ (x_m-x_j) & (y_j-y_m) & (x_i-x_m) & (y_m-y_i) & (x_j-x_i) & (y_i-y_j)\end{bmatrix} \tag{B-3}
$$

在数值计算过程中，单元刚度矩阵、外力、内力以及非局部变量通常通过 Gauss 积分得到

$$
I=\int_{\Omega^{\mathrm{e}}} Y\,\mathrm{d}\Omega=\sum_{p=1}^{n_{\mathrm{gp}}} w_p Y(x_p) \tag{B-4}
$$

式中，Y 为要积分的量；w_p 为积分的权；x_p 为各 Gauss 积分点的坐标；n_{gp} 为 Gauss 积分点的个数。

后记

感谢导师黄茂松教授，是他渊博的学识、严谨的治学态度和敏锐的科研洞察力，使我能够正确地把握研究方向。本书的完成与黄老师的指导密不可分。在此，谨向我尊敬的黄老师表示深深的谢意！

感谢导师美国南加州大学 Jean-Pierre Bardet 教授，是他的耐心指导和热心鼓励让我顺利完成了项目的研究工作。他的言传身教让我终生受益，他的无私精神让我敬佩。在此，谨向我敬重的 Bardet 教授表示我最真挚的感谢！

感谢副导师钱建固副教授，他的前期工作为本书的展开提供了良好的开端，正是他的有益指点让我的工作得以顺利进行，在此表示真心的感谢！

感谢美国南加州大学 Roger Ghanem 教授和 Amy Rechenmacher 助理教授在数值模拟部分与试验方面给予的指点和有益讨论。同时，感谢美国南加州大学刘芳博士、邢秀英博士、寇知青博士、罗昊博士、Nazila Mokarram 博士、Hossein Ataei 博士、Karthik Chokalingam 博士，同济大学李培振副教授、鲁正博士、于刚博士、彭勇波博士，湖南大学张国伟博士，东南大学白晶博士，华中科技大学李欣博士，哈尔滨工业大学陶冬旺博士在我在南加州大学学习期间提供的热心帮助！

感谢课题组张宏博博士、贾苍琴博士、刘明博士、黄齐武博士、李早博士、廖俊展博士等几位师兄、师姐给予我的大力帮助；还要感谢我的同窗好友马少坤博士、扈萍博士、秦会来博士、江杰博士、杨超博士、郦建俊博士、任青博士、鲁志鹏博士，是他们的陪伴让我在求学过程中充满了快乐！

求学二十一余载，付出最多的莫过于我的父母，正是他们无私的爱和全力支持，才让我坚持完成了博士学业。

最后，再次感谢所有帮助过我的老师、亲人和朋友！

吕玺琳